科学のとびら59

感じる脳・まねられる脳・だまされる脳

武田計測先端知財団 編

山本喜久・仁科エミ
村上郁也・唐津治夢 著

東京化学同人

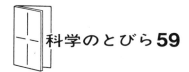

まえがき

武田計測先端知財団では、世界の生活者の富と豊かさを増大させる科学技術の発展の中から、大きなテーマを選び、シンポジウムを開催しています。

発展する科学技術は、単一の領域を超えて、多くの分野が互いに関連する複雑なシステムになっています。このような複雑なシステムを、大きな俯瞰的テーマのもとに、さまざまな分野からのアプローチを考えることで、多面的な理解を試みようと、企画してきています。

二〇一五年は、「それ、ホント?」という、何が出てくるのか推量しにくいテーマを選びました。普段何気なく、本当だと思って見たり聞いたりしていることが、本当にそうだろうか、というような意味です。

私どもが日常生活をしてゆくときに、周囲で何が起こっているのかを認識するのは、五感といわれる感覚器官と、そこからの情報を認識処理する脳機能との共同作業で行われています。その結果は、揺るぎない周囲環境の把握として、次の行動のベースとなっています。こうした認識メカニズム領域への最先端研究の中から、「量子人工脳」、「聴こえない超高周波が脳を活性化する」、「錯覚するのも悪くない」という三つを選びました。量子人工脳では、従来の量子コンピューターの概念を超える開放系・非平衡量子系の導入によるコヒーレントイジングマシンについて、聴こえない超高周波では、耳で聴こえない高周波が基幹脳を活性化することによる人類にとっての本来環境について、また、錯覚による認識深化では、錯覚の現象を人の認識機能が積極的に活用しているという視覚の不思議について、詳しくお話しいただきました。本書は、この講演をもとに各演者に書き下ろしていただいたものです。

聴く、見る、認識理解する、の三方面から、人と世界とのつながりの根源を探り、どうしたらより正しく世界を感知し、それを人の幸せにつなげていけるのか、を考えたい。

そんな期待が、今回のテーマにはかかっています。

二〇一五年十二月

一般財団法人 武田計測先端知財団

理事長 唐 津 治 夢

目次

第3章　量子人工脳

第1章　聴こえない超高周波が脳を活性化する

仁科エミ

1　レコードの隠し味

最初に、少し言葉の説明をいたします。ご存じのことと思いますが、「音」とは空気の振動・空気の粗密によってできる波です。振動が速いほど高い音、振動が遅いほど低い音として人類には聴こえます。音の高さは一秒間の振動数、つまり、周波数で表されます。その単位は「ヘルツ」です。人類に音として聴こえる周波数は、低い音としては約二〇ヘルツが下限、高いほうは約二万ヘルツが上限とされています。二万ヘルツとは、一秒間に二万回、振動する音波のことで、二〇キロヘルツと表現することもあります。キロは千倍を意味します。本章では以下、キロヘルツを用います。

さてこれから、周波数が高すぎて人間に音としては聴こえない**超高周波**の効果について、お話ししたいと思います。研究の発端は、レコード制作の現場であるレコーディングスタジオにありました。この現象の発見者である大橋力（公益財団法人国際科学振興財団情報環境研究所所長、文明科学研究所所長）は、音楽家・山城祥二として、ビクターから一二枚のLP（レコード）、CDを出しています。特に海外では、民族音楽をベースにした現代音楽という同じジャンルの作曲家として有名な、武満徹に優るとも劣らないユーザーをもっています。山城は、これらの作品を作曲・指揮するだけではなく、みずからスタジオでレコーディングエンジニアと一緒になって、というよりは実質エンジニアの一員、いわば「音の料理人」として音づくりを行ってきました。

スタジオワークの中で、音楽家・山城は、ある奇妙な現象に気づきました。それは、人間の耳に聴こえる周波数の上限といわれる二〇キロヘルツを大きく超え、時として五〇キロヘルツをも超える「聴こえない超高周波」を電子的に強調すると、音の味わいが歴然と感動的になる、という体験です。山城はLPの全盛期にこのことに気づき、この技を隠し味として使って、レコードの売り上げに貢献していたそうです。

ところが、CDの時代に入り、同じアナログマスターからつくられたLPとCDとを比較してみると、二二キロヘルツ以上の高周波を記録できないCDではこの隠し味が全然効かず、音質も感動も格落ちであるという事実に直面し、大変ショックを受けたといいます。同じように感じたレコーディングエンジニアも少なくなかったそうです。ところが当時の音響学の分野で国際的に定められた方式に従って音質評価実験を行うと、一五キロヘルツ以上の高周波はあってもなくても音質に影響しない、という実験結果が、世界各地で得られていました。高周波の効果があると確信しているエンジニアたちを被験者にしてこのような実験を行っても、なぜか結果は変わりません。そうした実験に基づいて、CDの規格は二二・〇五キロヘルツまで記録できればよいと定められたわけです。

しかし、アーティストと研究者とが一つの頭脳の中に同居している山城こと大橋は、音楽家として命を懸けることができるほどのこの音質と感動の違いが科学的に否定されるとしたら、それは実験のやり方に問題があるのではないかと考え、過去の研究方法の全面的な見直しに着手しました。

それまでの音響学の研究手法は、「聴こえない高周波」の効果を、聴く人が音質の違いとして捉えたかどうかを質問紙に記入して答えさせる、つまり「心に聴く」方法一本槍でした。それに対して大橋は、心の働きを生み出す脳の反応として高周波に対する応答を捉えるという、いわば「体に聴く」方法を導入することを構想しました。ただし、当時はそうした手法がまだ確立していなかったため、研究方法をゼロから組立て直すところから出発せざるをえませんでした。大橋を中心に進めてきたこの研究について、これからお話ししたいと思います。

２　音源探しと装置開発

まず、実験材料として、「聴こえない超高周波」をたっぷり含んだ音を使わなければ、適切な実験結果は望めません。ところが、そうした音が何なのか、当時は皆目わかっていませんでした。というのは、当時、一九八〇年代には、聴こえない超高周波まで手軽に測れるような測定器は大学の研究室にもほとんどなかったからです。また当時は、超高周波を記録・再生するために必要な録音機も、そうした超高周波を空気振動として忠実に再生できるスピーカーもありませんでした。そこで、それらを自ら準備することから一歩ずつ歩みはじめなければなりませんでした。

たまたまこの時期、大橋は、「ＪＶＣワールドサウンズ」という、世界最大級の民族音楽ＣＤコ

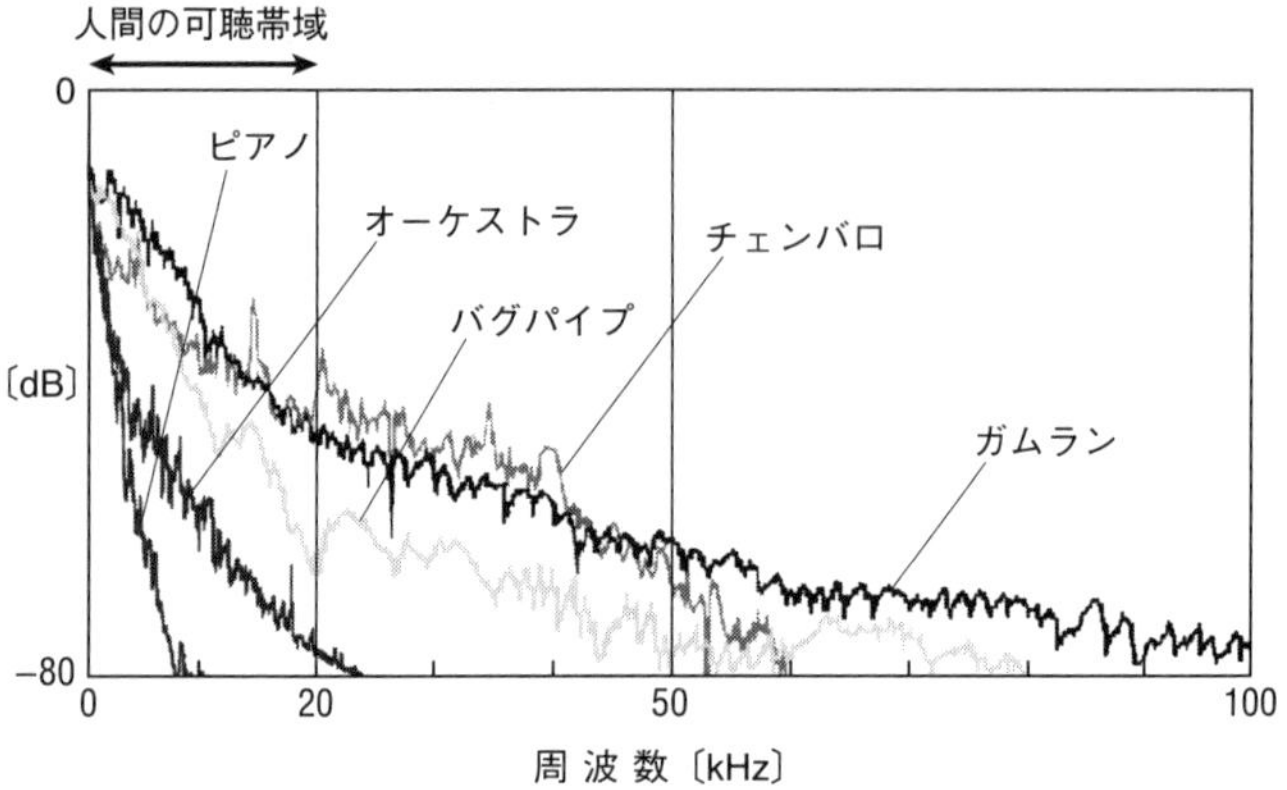

図１・１　さまざまな楽器音のサウンドスペクトル（章末文献１，２）

レクションの企画・監修者として、世界中のさまざまな民族音楽の生演奏に直接ふれる機会に恵まれました。その中から実験用の音源として直観で、つまり計測ぬきの感覚的判断によって選び出したのが、バリ島のガムラン音楽(注１)でした。その後現在に至るまで、このガムランは、ベストの音源として活躍しています。その周波数の構造が自在に分析できるようになったのは、十年ぐらい後の一九九〇年代になってからでした。確かにガムランの音はほかの楽器に比べて超高周波が圧倒的に豊富で、一〇〇キロヘルツに及ぶという理想的なものであったことが後になってわかりました（図１・１）。

一方、ピアノやベーム式フルートなど西欧近代に開発された楽器の音には、超高周波はそれほど含まれていませんでした。ですから、もしこれらを実験用音源に選んでいたら、これからお話しするような歴然たる結果は得られなかったかもしれません。西洋の楽器でも、チェンバロとかバグパイプのような古い時代の楽器や民族楽器の音に超高周波が豊富に含まれるものがあることは興味深いと思います。人間の歌声では、どちらかというとオペラの歌声には超高周波はあまり含まれていないのですが、日本の長唄や、狩猟採集民のような自然性の高い人びとの歌声には超高周波が豊富に含まれていることもわかりました。

注目されるのは、日本の伝統楽器音には超高周波が特に豊富に含まれていることです。琵琶や尺八の響きには、一五〇キロヘルツを超え時として二〇〇キロヘルツに達する超高周波が含まれていることが計測されました。このような楽器は世界的に見ても極めて珍しいものです。

これらの音源に含まれている超高周波を記録する録音機も、大きな開発課題となりました。突破口になったのは、山崎芳男・早稲田大学名誉教授が手づくりしてくださった、「高速標本化一ビット量子化方式」という、スーパーオーディオCDやハイレゾ配信で使われるDSD方式（注2）のもとになっている原理のうえにつくられたディジタルレコーダーでした。その1号機は、基板と電池がリード線でつながっていたりして、まるで手作りの時限爆弾のような外見でした。それを持って海外に録音に行く際、税関をうまく通り抜けるのがたいへんな難題だったことが思い出されます。そ

（注1）青銅製の鍵盤打楽器アンサンブル。
（注2）ダイレクトストリームディジタルの略。アナログ音声をディジタル化する方式の一つ。

の後、さまざまな録音機を開発し、今は、二〇〇キロヘルツまでほぼ平坦な周波数特性をもつ録音機をオリジナルに開発して使っています。

スピーカーについても、既製品で使えるものがほとんどなかったので、独自に開発せざるをえませんでした。超高周波の再生を担当するスーパーツイーターとよばれるユニットの振動板は、硬くて軽いほど超高周波の再生に適するということで、初代のオリジナルスピーカーでは、工業用ダイヤモンドをガス化してドームに蒸着させてつくったダイヤモンドダイヤフラムを振動板に使いました。これで一〇〇キロヘルツに及ぶ超高周波の再生を実現した初めてのスピーカーができました。現在ではより小型で、一五〇キロヘルツを超える帯域まで再生できるスピーカーを開発し、実験に使っています。

3　体に直接聴いてわかった超高周波の効果

次に、身体の反応を捉える方法も、抜本的に見直しました。まず、脳の働きの時々刻々の変化を敏感に捉えることができる**脳波**に注目しました。そして、超高周波があると音が魅力的になり感動が増す、という山城のレコード制作現場での体験から、脳の中で美しさ快さという反応を生み出す**報酬系**とよばれる神経回路の働きが活発になり、その結果、快さの指標となる脳波のα波が増える

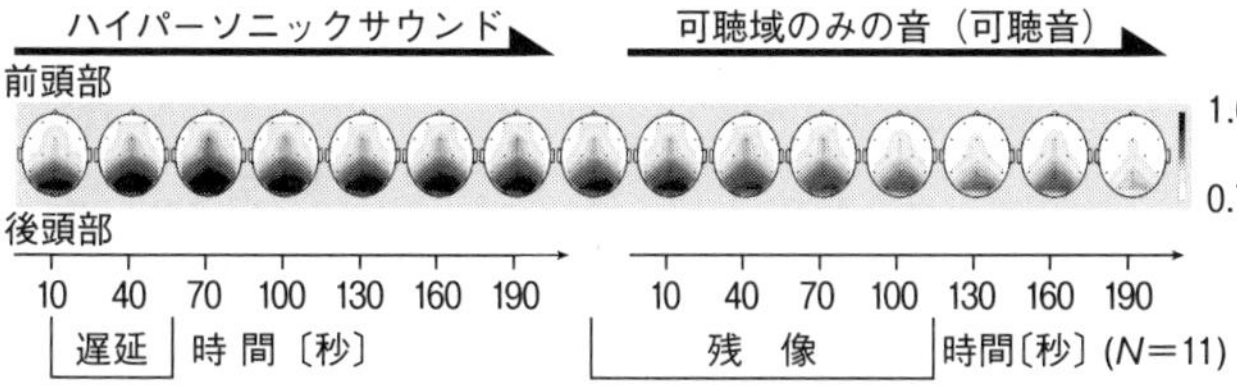

図1・2　脳波計測実験の結果　ハイパーソニックサウンドは時差を伴って脳波α波を増大させる（立ち上がりが遅いうえに，残像が残る）.（章末文献2）

のではないか、という仮説をたてました。ところが、医療現場で行われている脳波計測の実態というものは、金網の檻の中で、頭にペーストをべたべた塗られ、ケーブルにつながれてベッドで動かないように指示されるなど、不快感や緊張・恐怖などのネガティブな反応をひき起こす要因が存在することについて、まったく配慮していません。したがって、脳の中で快感を生み出す報酬系の働きを知ろうとしても、「脳波を計られる」という行為自体がもたらす不快感に報酬系の反応が埋もれてしまう危険性が濃厚です。

そこで、美しさ、快さを生み出す脳の報酬系の働きを妨げないような実験環境をつくりました。脳波計測方法を抜本的に見直し、ケーブルで拘束される有線方式の計測ではなく、脳波データをワイヤレスで送信するテレメトリーシステムを応用し、被験者を拘束せず、家でくつろいで音楽を聴いているような状態で計測ができるしつらえの実験室もつくりました。

こうして、道具立てが整ったところで、最初の成果が出ました。超高周波をたっぷり含んだ音（**ハイパーソニックサウンド**）をまず三分ほど呈示し、一〇秒あけて、そこから超高周波を除いた可聴域の音だけを含むハイカットの音、つまりCD並の音を続けて聴かせたところ、脳波α波に変化がみられました。

図1・2を構成するそれぞれの図は脳波α波の強さを影で示し、影が濃いほどα波が強く出ていることを表しています。このようにα波のポテンシャルは、超高周波を含む音を聴き始めてから三〇〜六〇秒かけて増大し、超高周波を含む音が呈示されている間、その活性は保たれます。その後で、そこから超高周波だけを取除いたハイカットの音に切り替えると、約一〇〇秒近く活性が残留した後、急速にα波のポテンシャルが減少するということが見いだされました。つまり、超高周波を含む音は時差を伴ってα波を増大させる、その立ち上がりは遅く、残像が残る、ということがわかりました。

そこで、直前に呈示された音の影響を受けない、音呈示の後半の時間領域について、α波ポテンシャルを数量化して比較したところ、超高周波を含む音によって脳波α波ポテンシャルが統計的有意に増強されるという事実を世界で初めて見いだすことができました。

4 「聴こえない超高周波」が基幹脳を活性化する

脳波は、脳の全体的な活動状態を鋭敏な時間分解能のもとでみるのには適しています。しかし、脳のどこがどういう反応をしているか、空間（脳の部位）についての情報は、ほとんど与えてくれません。そこで、超高周波に対する脳の反応をさらに詳しく調べるために、私たちは京都大学と共同して、脳のイメージング、画像解析を使って、超高周波を含む音によって活性化する脳の領域を明らかにする実験を行いました。

計測時に磁力線の変化によって轟音を発する磁気共鳴画像法（ＭＲＩ）と違って、ファンノイズ以上の騒音を発しない、ポジトロン断層撮像法（ＰＥＴ）という脳イメージングの手法を使いました。その計測環境は、脳波計測環境以上に被験者に緊張と恐怖を強いるものでした。そこで、そこに美術品をはじめいろいろな心を和ませる物体を持込んで、計測機器が被験者の目にふれて脳の報酬系の活動が抑えられることがないように工夫を凝らした視聴覚環境を整えました。京都大学の先生方のご理解なしにはできなかったことで、大変感謝しています。

この実験では、建物の地下にあるベビーサイクロトロンで二分間という非常に短い半減期をもった酸素の放射性同位元素を合成し、それを使った水をつくって体に注射します。すると、その同位元素を含む水は血液にのって全身に広がります。この同位元素が、脳の中のどこに分布しているかを見ることによって、脳のどこが働いて血のめぐりがよくなっているかを調べることができます。

こうして、超高周波を含む音や、可聴域だけの音などを呈示して、脳のどの部分が活性化するかを調べました。同時に、脳波も計測しました。そうすると、次のようなことがわかりました。まず、可聴音だけを聴かせたとき、何の音も呈示していないときと比べて、脳血流が低下するところ、つまり活性が低下する部位が脳の奥に見いだされました。一方、聴こえない超高周波だけを呈示すると、音を呈示しないときと比べて何の変化も見られませんでした。ところが、血流低下をもたらす可聴音と、何の変化ももたらさない超高周波とを同時に聴かせると、活性化する部位が出てきました。図1・3（15ページ）に示すように、中脳、視床、視床下部と、中脳から前頭前野に投射している神経ネットワークが連携して、超高周波を含む音を聴いているときに、活性を著しく高めていることがわかったのです。

同時に測った脳波においては、α波のうちα2とよばれる一〇ヘルツから一三ヘルツの帯域成分のポテンシャルが、ここで活性化した脳の奥の部位の血流と高い相関をもって増減することもわかりました。この相関関係を捉えたことによって、この脳の奥の部分の活性、私たちは、心身の活動を相関させているこの部位を**基幹脳**とよんでいるのですが、この基幹脳の活性を、大がかりな脳血流計測をせず脳波を測ることによって高い信頼性のもとに計測することが可能になりました。

この「聴こえない超高周波」が基幹脳の活性を高めるという意外性のある実験結果は、アメリカ生理学会の基礎脳科学論文誌である『ジャーナル・オブ・ニューロフィジオロジー』（*Journal of Neurophysiology*）という雑誌に二〇〇〇年に掲載されました（章末文献3）。この雑誌は、インターネットで最も多くダウンロードされて読まれた論文ベスト五〇を毎月公表していますが、この論文は四七カ月以上にわたって第一位にランクされるなど、これまでに例のない注目を浴び続けています。

5　多様な活性化をもたらすハイパーソニックエフェクト

得られた知見を改めて整理してみますと、周波数が高すぎて聴こえない超高周波を豊かに含む音を浴びると、間脳、中脳、そして前頭前野などから構成され、生命維持や美と感動をつかさどっている基幹脳ネットワークの活性が増大することが見いだされました。それを反映して、それらの部位の領域脳血流や脳波α波が、ハイカットした音に比べて増大します。

こうした基幹脳ネットワークの活性変化は他の臓器や組織にも波及し、その他の生理指標に影響を及ぼす可能性があります。それらを調べてみたところ、基幹脳に含まれる生体制御系の活性化を反映して、ＮＫ細胞（ナチュラルキラー細胞）など免疫活性が増大することがわかりました。ＮＫ細胞というのは、ご存じの方も多いと思いますけれど、がんの一次防御などに活躍する大切な免疫細胞です。「聴こえない超高周波」を含む音を聴くことで、その活性が上がることは注目に値します。また、アドレナリンやコルチゾールなど、ストレス性ホルモンの減少も見いだされました。

さらに、美しさ、快さをつかさどる脳機能（特にドーパミン系）が活性化されるので、超高周波を含む音は、超高周波を含まない音に比べてより美しく感動的に感じられるだけでなく、共存する映像や環境の快適性も高く感じられることがわかりました。超高周波を含む音をより大きな音量で聴くように振舞うという、呈示刺激に対する接近行動も見いだされています。しかもこれらの原理の違う複数の指標で見いだされた効果は、すべて統計的有意性を示していて、人類に普遍的な応答である可能性が高いことを示唆しています。こうした一連の現象を、私たちは「ハイパーソニックエフェクト」と名付け、そうした反応を導く音を「ハイパーソニックサウンド」とよぶことにしました（図1・3）。

このハイパーソニックエフェクトを発生させるためには、超高周波なら何でもよいというわけではありません。サイン波やホワイトノイズのように時間的に定常な超高周波ですと、ハイパーソニックエフェクトは発現しません。自然環境音やある種の楽器音のように、ミリ秒単位のごく短い時間で非定常的にゆらぐ複雑な超高周波が必要であることがわかりました。

6　超高周波をどこで「聴いている」のか

興味深いことに、イヤフォンを使って実験をすると、このハイパーソニックエフェクトは発現し

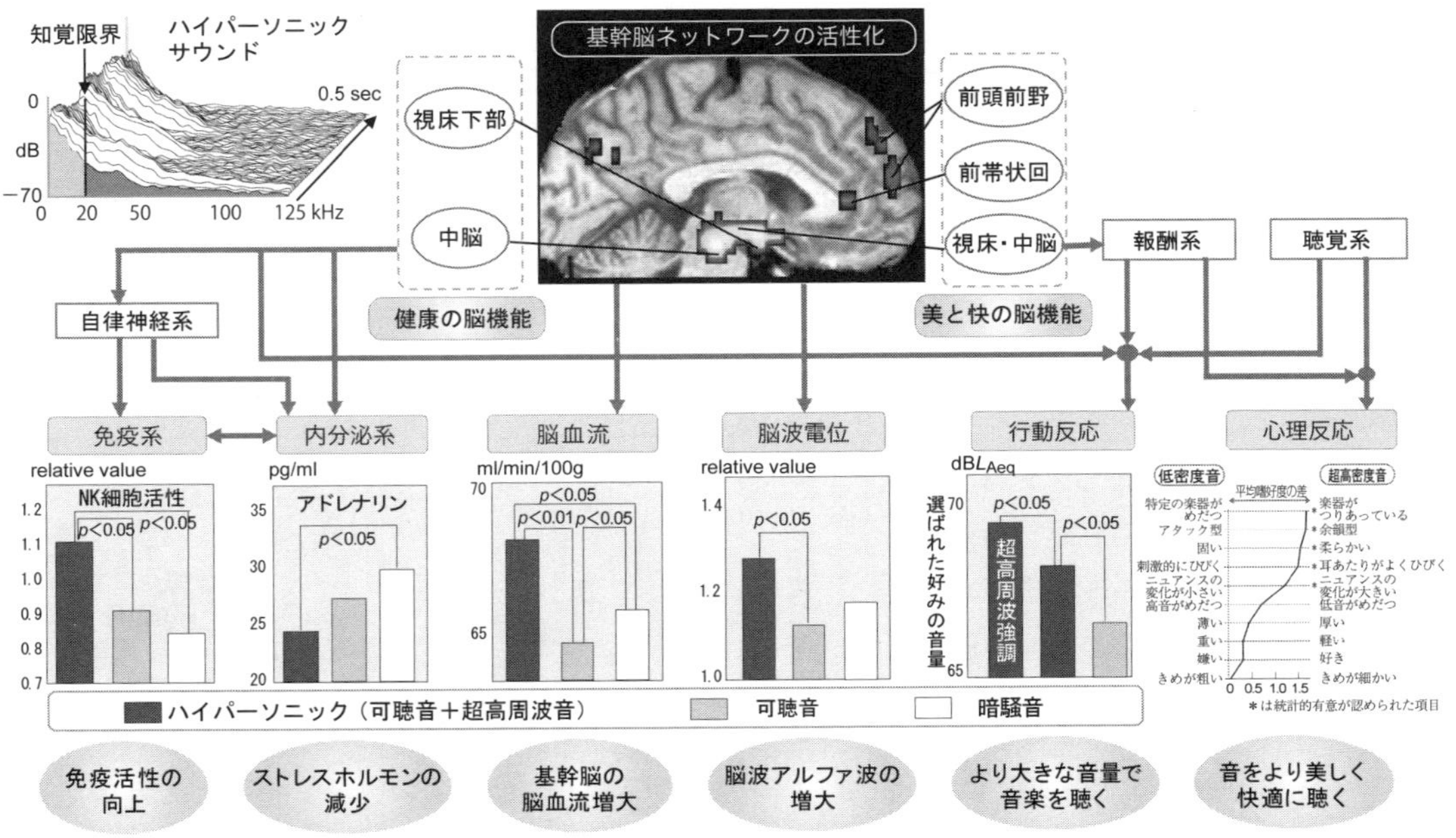

図１・３　ハイパーソニックエフェクトの全体像（章末文献４）

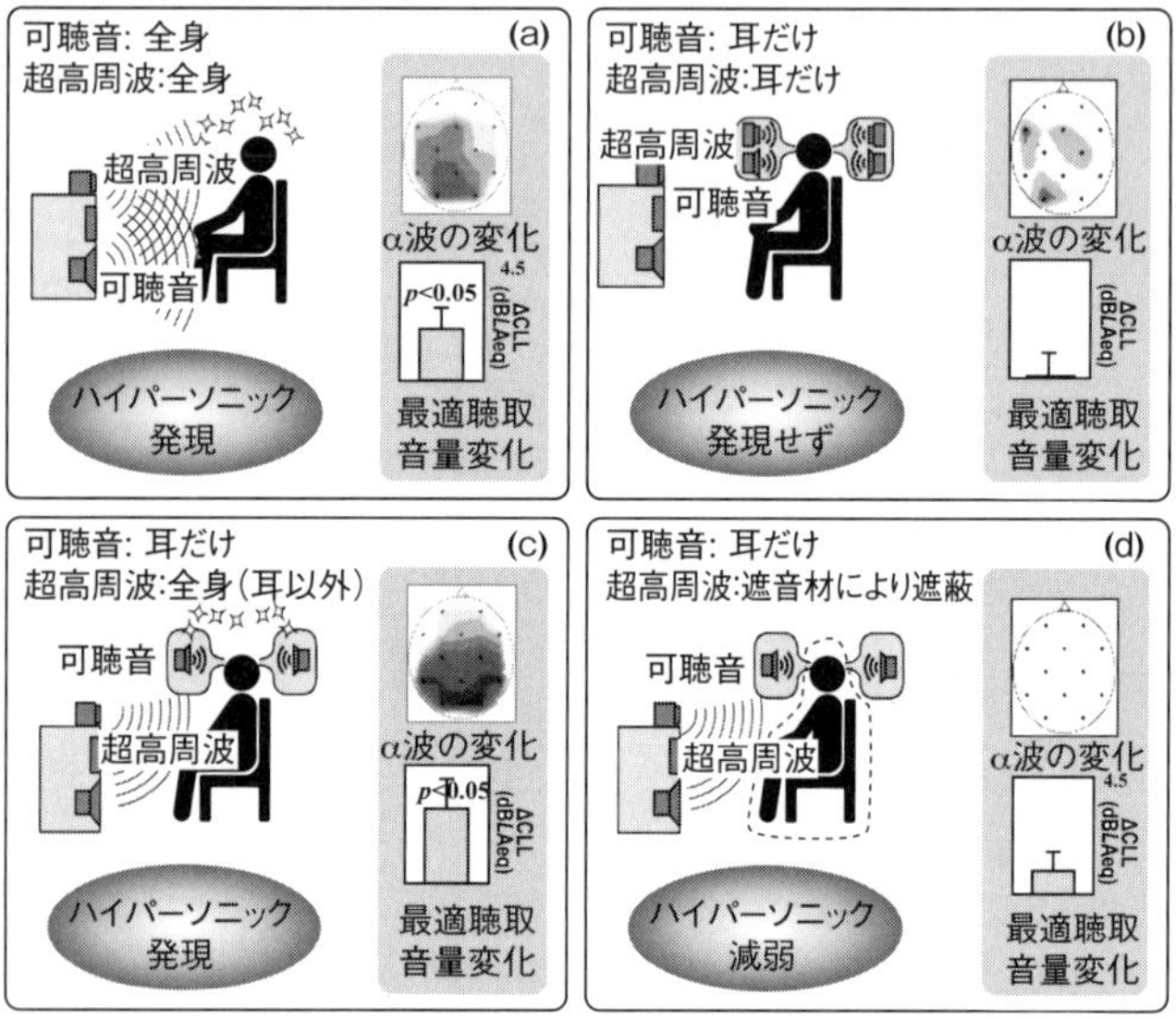

図１・４　ハイパーソニックエフェクト発現の条件（章末文献５）

ません。このことを見いだしたのは、次のような実験によります（図１・４）。

まず、スピーカーから超高周波と可聴音の両方を含むガムラン音を呈示して、脳波α波の増大と、最適聴取音量の増大を確かめました（ａ）。この脳波α波は基幹脳活性と高い相関をもつ生理反応であり、実験参加者の意志で制御できない指標です。一方、最適聴取音量は、実験参加者が音量を自分の好きなレベルに調整するという生理と心理とが結びついた行動の指標です。このように原理が違う指標を組合わせて、ハイパーソニックエフェクトの発現状態を確認するわけです。

次に、可聴音と超高周波をともに耳

だけに呈示するために、特別のイヤフォンを作りました。このイヤフォンには振動体が二つあり、可聴音と超高周波とを一緒に再生できるだけでなく、両者を別々に再生することもできます。これを使って、可聴音と超高周波を両方とも耳だけに呈示しました(b)。すると、α波の増大も、最適聴取音量の増大も見いだされませんでした。つまり、耳から聴かせても効果が現れないのです。

そこで、聴こえる音はイヤフォンから耳に、聴こえない超高周波はスピーカーから全身に呈示してみました(c)。すると、強いハイパーソニックエフェクトが発現しました。つまり、超高周波は耳から聴かせてもだめで、スピーカーから全身に呈示しないと効果が発現しません。

さらに、この実験と同じように可聴音はイヤフォンから耳だけに、超高周波はスピーカーから全身に呈示するのですが、その時ヘルメットと遮音性のコートで体を覆って、体の表面に超高周波が到達しないようにしてみました(d)。すると、超高周波の効果は大きく弱まりました。

この実験データは、ハイパーソニックエフェクトを発現させるためには、可聴音を耳から聴覚系に呈示すると同時に、「聴こえない超高周波」を体の表面に当てる必要があることを示しています。これは私たちも驚いたユニークな特徴です。つまり、私たちは「聴こえない超高周波」を、耳からではなく体の表面で感じていることになります。この知見は、人間の新しい感覚受容メカニズムの発見につながるものとして注目され、関連する研究が行われています。

また、私たちが二〇一四年に発表した論文では、ハイパーソニックエフェクトを導くのに効果的な周波数帯域は四〇キロヘルツ以上であることを明らかにしています（章末文献6）。

7　ハイパーソニックエフェクトはなぜ見逃されてきたのか

このように歴然たる現象として捉えられたハイパーソニックエフェクトが、なぜこれまでの音響学で見逃されてきたのでしょうか。そのことを考えておきたいと思います。

従来、このような超高周波のあり・なしが音質に与える影響について調べられた実験方法をまとめてみますと、実はすべての実験が主観的な音質評価だけを指標にしたもので、聴かせる音の長さが二〇秒以下とされているという共通点があります。なぜならこれらの実験はすべて、当時のCCIR、現在のITU－Rという国際的な標準化機関が定めた、音質評価に関する勧告に従って実施されていたからです。具体的には、二〇秒以内の二つの刺激を、〇・五秒から一・五秒の間隔で連続呈示して、音質の違いがわかったかわからなかったかを回答させることが推奨されていました。

ところが、私たちが行った脳波実験の結果、超高周波の効果は立ち上がりが遅いうえに残像が残ることがわかりました。たとえていえば、私たちがお酒を飲んだときに、一口飲んですぐに酔っぱらわないけれど、飲み終わったからといって酔いがすぐさめるわけではない、という現象に似ています。

実は、この脳の反応の時間的な遅れというのは、シナプスという神経と神経とのつなぎ目での化学物質による神経伝達に要する時間の違いに起因するもので、分子生物学的にきわめて合理的に説明することができます。詳しい説明は省略しますが、神経伝達物質が担うシナプス伝達にはいくつもの形式があり、それらの時間特性は、一様ではありません。ものを見る、あるいは音を聴くといった、視覚や聴覚のような感覚神経系では、グルタミン酸などが神経伝達物質として働き、シナプスでの神経興奮時間はミリ秒単位に抑えられ、遅延も残留も事実上、無視できます。それに対して、報酬系で働くドーパミンなどの神経伝達物質群ではシナプスからの伝達物質の除去メカニズムが違っていて、伝達物質はシナプスに長時間滞留するうえに、後シナプスニューロン内で二次メッセンジャー・カスケード系を介して効果が発現するため、その作用はケタ違いに大きな遅延と残留を伴います。聴覚系や運動系などと違って、美しさや快感を生み出す報酬系の活動は、その反応に要する時間が非常に長く、反応が数十秒から数分にわたって続くことにもなります。

これらにより、超高周波の共存が音を美しく快く感じさせる場合、その効果は無視できない長時間にわたって遅延や残留をするはずです。ＣＣＩＲの勧告は、こうした実態を無視して（おそらくはそうした時間的な非対称性を想定できず）、短い呈示時間で頻繁に音を切り替えつつ音が同じに聴こえるか違って聴こえるかを質問紙で調べたことになります。そうすると、前の音の効果が残留して次の音の反応と重なってしまい、効果が判然としなくなります。このことが私たちの実験から確認されました。

それに対して、私たちが国際勧告で推奨されている一番長い呈示時間の一〇倍以上の長さの二〇〇秒間の音を聴かせたところ、前の音の影響を受けることなく、音の違いを検出することができました。

8 LPの超高周波成分はCDより多い

さて、超高周波についての研究の発端は、レコーディングスタジオにあったと最初にお話ししました。そこで、この研究のそもそもの出発点になったLPとCDについて、比較しました。同じアナログマスターからつくられた山城祥二の作品のLPとCDに含まれる周波数成分を比べました。すると、LPの音には一〇〇キロヘルツに達する超高周波成分が含まれていることが見いだされました。同じアナログマスターからつくられたCDの音には、当然ながら二二キロヘルツ以上の周波数成分は含まれていませんでした（図1・5）。また、LPは、カートリッジ（ピックアップ）によって超高周波成分の再生状態が違うこともわかりました。

LPとCDの音が人間に及ぼす影響を検討してみました（図1・6）。同じアナログマスターか

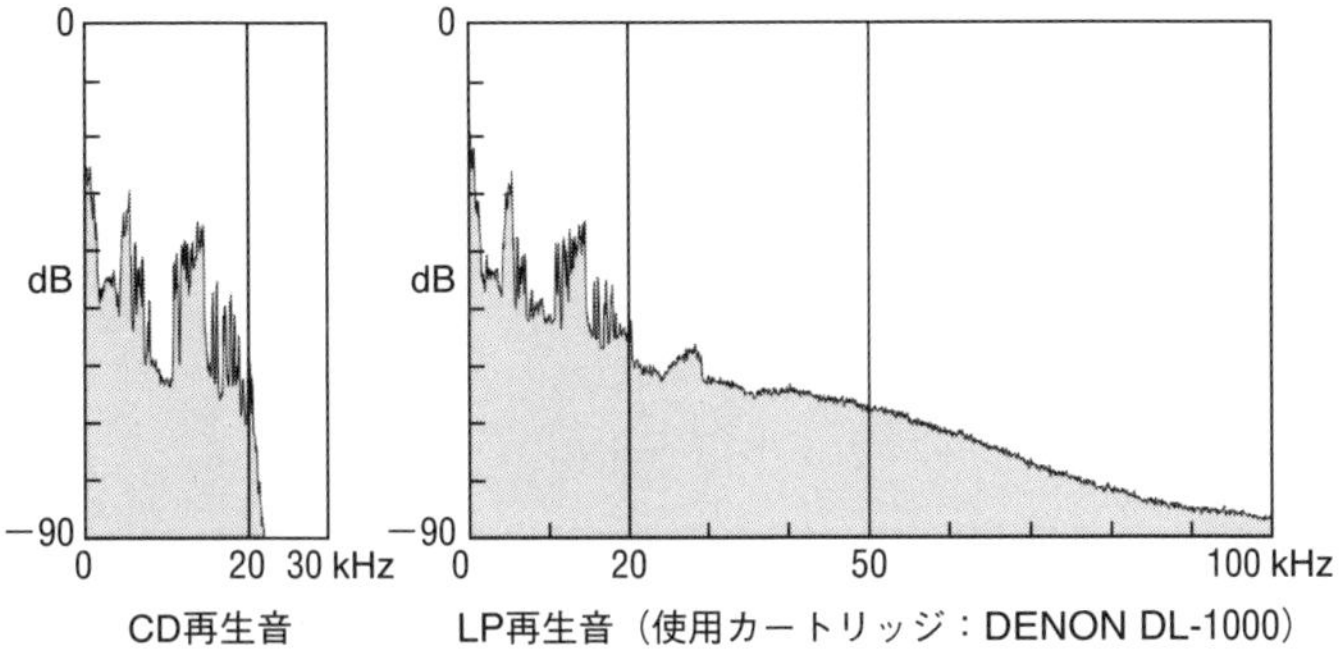

図１・５　同一のアナログマスターテープから作られたLPとCDに含まれる周波数の違い　芸能山城組LP『輪廻交響楽』第２楽章「散華」から“金剛明咒”の一部.

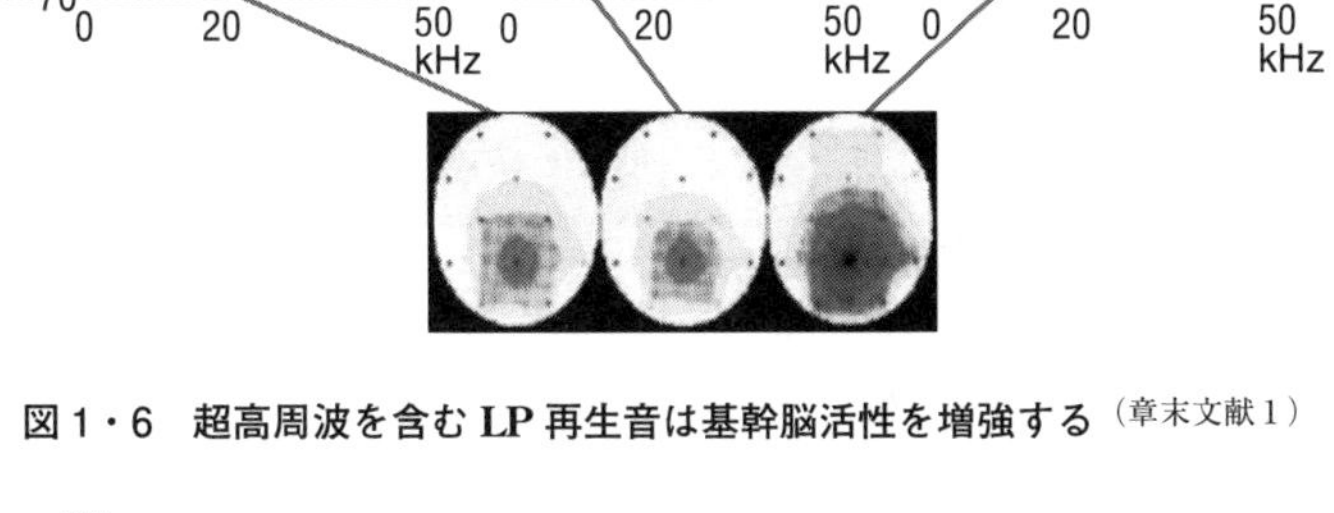

図１・６　超高周波を含むLP再生音は基幹脳活性を増強する（章末文献１）

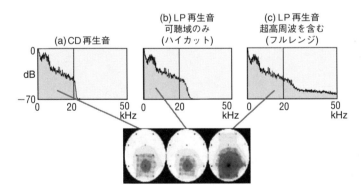

ら作られたLPとCDの同一箇所を再生して、いったん広帯域レコーダーに記録しました。そのCD再生音（a）、LP再生音（c）、そしてLPの音をフィルターに通して「聴こえない超高周波」をカットしたLPハイカット音（b）の三種類を呈示し、基幹脳活性と音質に違いが出るかどうかを検討しました。

この実験で、もしCD再生音と二種類のLP再生音との間で反応の違いが出たとしたら、山城がレコーディングスタジオで感じたLPとCDとの音質の違いの原因は、「アナログかディジタルか」の信号処理方式の違いにあるといえます。そうではなく、超高周波を含まないCD再生音およびLPハイカット音と、超高周波を含むLP再生音との間に違いが出たとしたら、LPとCDとの音質の違いの原因は、信号処理方式の違いというよりも、超高周波のあり・なしにある、といえるわけです。

脳波α波を指標として検討してみると、超高周波を含むLP再生音を呈示したときにだけ、基幹脳活性と正の相関があるα波が有意に増大しました。同じ音を呈示して主観的音質評価実験を行うと、CD再生音とLPハイカット音の音質は非常に似たものとして知覚されていることがわかりました。それらに対して、LP再生音は、耳当たりよく、やわらかく、ニュアンスの変化が大きく、分厚い、奥行きがある、潤いがある、と評価されました。つまり、LPとCDとの音質の差というのは、アナログかディジタルかの違いではなく、超高周波が含まれているかいないかによることが裏づけられました。

さらに脳波の時間的変化を見てみると、ＬＰ再生音を呈示すると、α波ポテンシャルはまず減少したのち増大に転じます。それに対してＣＤ再生音の場合は、時間とともにα波ポテンシャルが低下し、ＬＰ再生音を聴くときとの差が時間とともに開いていくこともわかりました。

９　ハイパーソニックを応用した最初のメディア作品

このようなハイパーソニックエフェクトを世界で初めて本格的に応用したメディアコンテンツが、二〇〇九年に発売されたアニメ映画『ＡＫＩＲＡ』のブルーレイ版サウンドトラックです。『ＡＫＩＲＡ』は、原作者・大友克洋さんが自ら監督したアニメで、一九八八年の劇場公開以来、今も世界中に根強いファンをもつ日本アニメ映画の金字塔です。その音楽は、山城こと大橋の作品です。ブルーレイでの発売にあたって、改めて大橋が音を編集し直し、ハイパーソニック化を図ることになりました。とはいえ、一九二キロヘルツ標本化二四ビット量子化という音声規格は設定されてはいたものの、その実用化、商品化は世界初だったため、作業は困難を極め、発売が一年以上、遅れてしまいました。しかし、日米同時に発売されたこの作品は、ことに米国での人気が高く、予約完売して発売日にはすでに品切れになったほどでした。そのため、発売後のヒットチャートに乗らなかったのは残念なことでした。

この作品を取上げたニューヨークタイムズの記事には、このような評価が書かれています。「このブルーレイディスクに収録されている常識を超えた高密度の日本語版サウンドトラックは、あなたのオーディオシステムの限界を試すと同時に、永遠に隣人を遠ざけるほど音に没入させるだろう。」これは、没入感を表現する最上級の表現だそうです。

同じく米国のブルーレイ関係のレビューでは「このブルーレイでピカ一の部分をひとつあげるとすると、それは音。……個々のスピーカーからまるで毛布が取除かれたかのように、音のクリアさが瞬時に飛躍的に高まった。……音場を横切るヘリコプターの旋回音は確かに大きい、しかし決してうるさくない。」と評価されています。

『AKIRA』はその数年前にDVDでも発売されており、そのときのサウンドトラックには二〇キロヘルツ程度までしか含まれていなかったのに対して、ブルーレイのサウンドトラックには九〇キロヘルツに達する超高周波成分が含まれています。同じハイビジョン映像のアニメを、このハイパーソニックサウンドトラックで視聴したときと、二四キロヘルツ以上の帯域をカットしたサウンドトラックで視聴したときとの脳活性を脳波計測によって比較すると、超高周波を含むサウンドトラックの場合に、基幹脳の活性が統計的有意に高まることが確認されました。

音の印象を質問紙調査で尋ねると、ハイパーソニックサウンドトラックで視聴しているときには、ハイカット音の時と比べて、より「音に感動した」、「音質が良い」、「音のボリュームがより豊か」、「重低音が豊か」、「耳あたりよく響く」、「大音量でも音の分離がよく、つぶれない」と評価されていました。

興味深いのは、ハイパーソニックサウンドトラックでは、同じ映像に対して、より「映像に感動した」、「画質がよい」と感じられていることです。これは、ハイパーソニックサウンドによって、脳の報酬系神経ネットワーク全体が活性化することにより、好感形成脳機能が高まることによるものと考えられ、こうした効果は私たちの行った他の実験でも見いだされています。

10　ハイレゾで広がるハイパーソニックの世界

さらに最近のハイレゾリューションオーディオ、いわゆるハイレゾブームによって、状況が大きく変わってきました。ハイレゾでは、ＣＤよりも高い品質のオーディオファイルをインターネット配信でユーザーの手元に送り届けます。オーディオファイルのフォーマットは複数種類あり、なかにはハイパーソニックエフェクトを発現させるうえで効果的な四〇キロヘルツ以上の成分を記録可能なフォーマットもあります。これによって、ハイパーソニックサウンドを広く提供することが現実の射程に入ってきました。

現在、四〇キロヘルツを超える超高周波成分を豊富に含む複数のコンテンツを制作し、『ハイパーハイレゾbyオオハシツトム』というシリーズとして、複数のサイトで配信中です。ちなみに、その中の一つ、『恐山』という芸能山城組の作品は、一九七六年にLPで発表した際のアナログマスターテープをもとにハイレゾ化した音源です。分析してみると「聴こえない超高周波」成分が豊富に含まれていました。アナログマスターテープに記録されていたハイパーソニックサウンドが、新しいかたちで再現できたというわけです。

11　現代病の背景にある自己解体現象

ハイパーソニックエフェクトを都市環境の快適化に応用する試みも始まっています。少し遠回りになりますが、背景となる問題意識からお話ししたいと思います。

都市化すなわち文明化に伴って、いわゆる現代病が蔓延しています。がんや高血圧のような生活習慣病、自閉をはじめとする発達障害、うつや暴力のような行動障害などです。これらは、古典的な感染症や怪我と違って、治りにくいのが特徴です。その理由は、最新の遺伝子科学によって明らかになってきました。それは病気のメカニズムが遺伝子にプログラムされていて、それにスイッチが入ることで発症する一種の「自己解体現象」といえるのです。

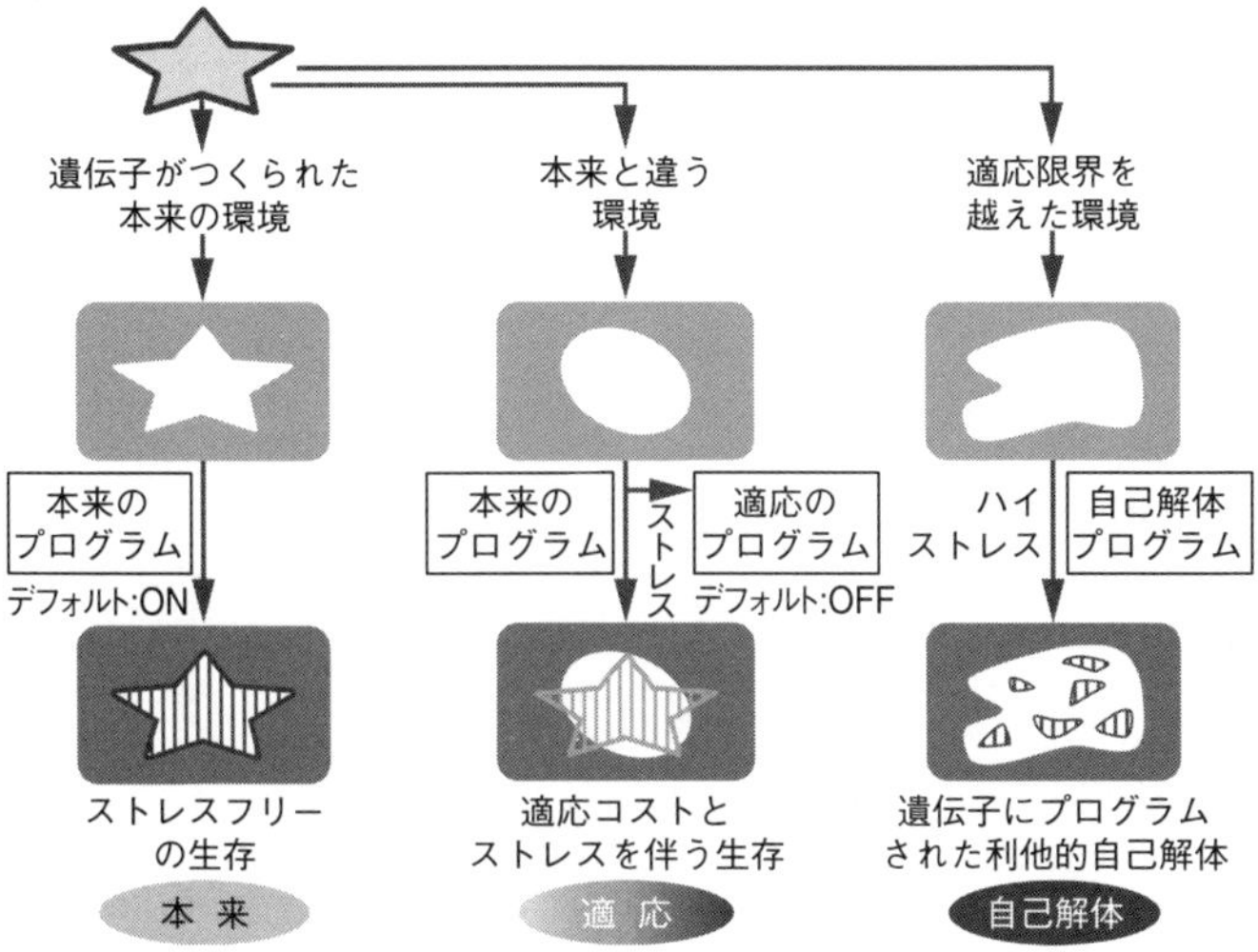

図１・７　地球生命の“本来・適応・自己解体モデル”（章末文献１）

ここでいう「自己解体」という言葉には少し説明が必要でしょう。これはハイパーソニックエフェクトの発見者である大橋が提唱している生物学的な概念です。その概要を簡単に説明したいと思います（図１・７）。地球生命の歴史は三五億年といわれますが、その最初の一匹が誕生し、増殖したとします。地球環境は均質一様ではなく不均質多様ですから、多様な環境に進出した生命は、それぞれ固有の環境条件に合った遺伝子を形成できたとき初めて、その環境で生き延びることができます。これを「進化的適応」といいます。

では、この生命を、その遺伝子がつくられた本来の環境とは異なる環境に置いたら、どうなるでしょうか。気候変動が起こったり、動物が自ら移動したりして、本来と違う環境に出逢うことは、十分、ありうることです。このように環境が本来の生命活性とズレたときには、遺伝子に書かれてはいるが平素は読まれていないプログラムにスイッチを入れて呼び出し、今までなかった酵素を造り出したりして環境との不適合をカバーします。そして、遺伝子に準備されていたすべての適応プログラムを起動してもまだ環境との不適合が解消できないとき、一転して生命は、己の寿命が尽きたときに働く自己解体プログラムのスイッチを入れて生命を自ら終結に導くとともに、その体を、すべての地球生命の再利用に適した共通要素に分解して土に還すというのが大橋のモデルです。これが「遺伝子にプログラムされた利他的自己解体」で、原生動物レベルではすでに実証されています（章末文献1）。

12　人類にとっての本来環境とは

ではこのモデルを、脳をもった動物に拡張していくとどうなるでしょうか。私たち高等動物の脳には、快感というご褒美を与えてくれる「報酬系」とよばれる神経ネットワークと、不快感や苦痛などの罰を与える「懲罰系」とよばれる神経ネットワークの両方が具わっています。これらの神経ネットワークの働きは、本来に近い環境に生きているときほど報酬系が活性化して快感が高まり、懲罰系の活性が下がって不快感が低くなります。

そして、適応が必要になると、その度合いに応じて快感が下がり、不快感が高まります。これによって動物は、その生存に適さない適応の環境に遭遇したら、より苦痛が少なく快感の高い本来の環境を探してそこに戻ろうとする「行動」をとります。それによって生存の危機を回避することができるわけです。ここまでは古典的な生物学ですでにいわれていることです。

私たちはこの本来領域に近づくほど生存値が高まることは、いうまでもありません。では、人類にとって本来の環境とは、具体的にどのような場所なのでしょうか。その答えはこれまでの説明の中にすでに出ています。それは、私たち現生人類の遺伝子が進化的に形成された環境に他なりません。では、現生人類の遺伝子の進化の舞台とは、どこなのでしょうか。

かつては人類はサバンナ起源だとする説が有力だったのですが、最新の生態人類学では、人類はアフリカ熱帯雨林起源だという説が最も有力になっています。私たちの遺伝子は、大型類人猿の共通の祖先から数えると二千万年も、熱帯雨林のなかで進化して今日に至っていることは否定できません。現代型ホモサピエンスが登場したのが今から約一六万年前、農耕をするようになって私たちが森から出てから、たかだか一万五千年くらいしか経っていません（図１・８）。

では、熱帯雨林の環境とは具体的にどのようなものなのでしょうか。私たちは、世界に現存するさまざまな熱帯雨林にアプローチして調べてきました。人類発祥の地と目されるアフリカの熱帯雨

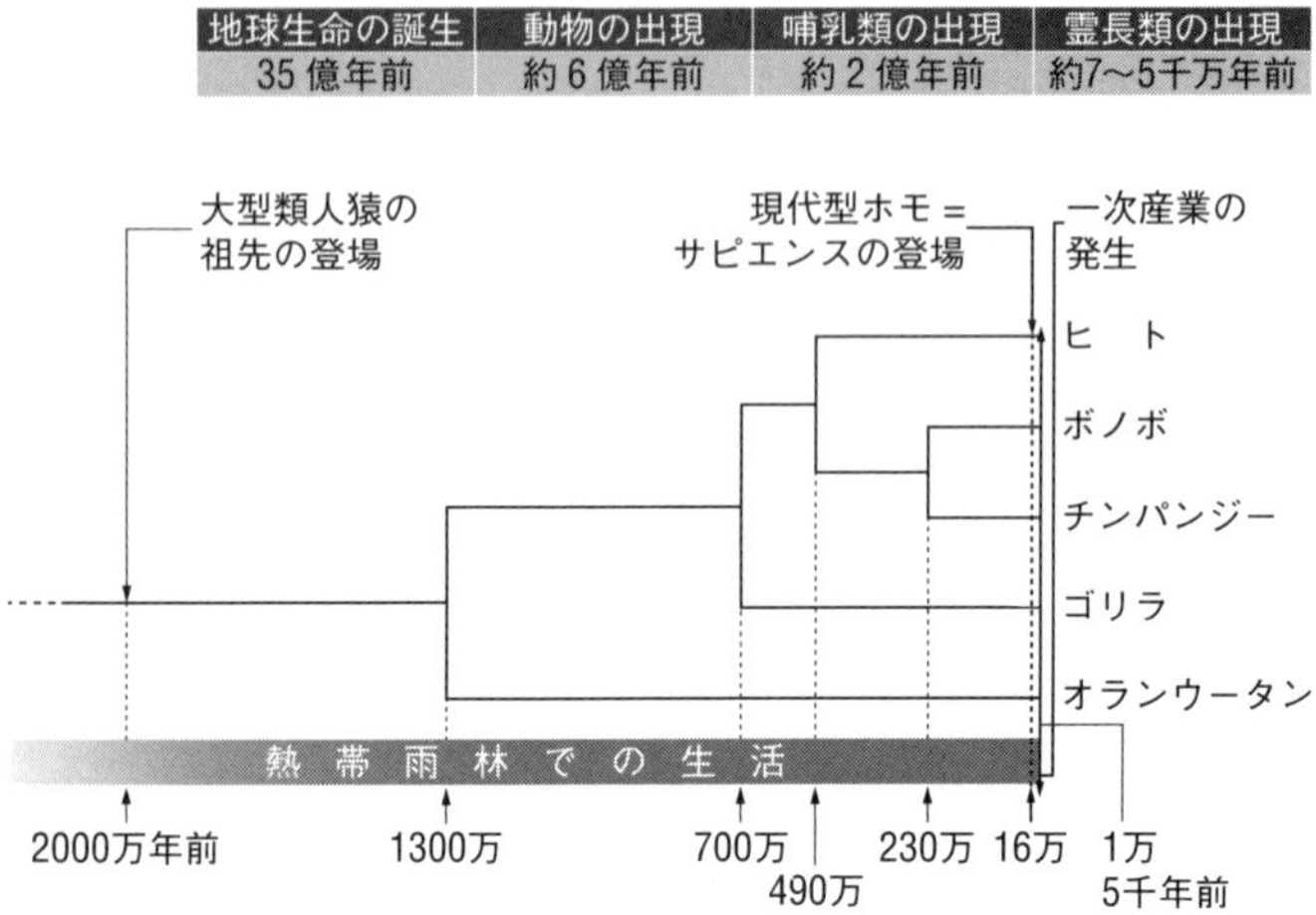

図 1・8　人間の遺伝子を育んだ環境――熱帯雨林

林にも繰返し調査に行きました。このときまず驚いたのは、熱帯雨林の温度・湿度の快適さ、森の景観と環境音の美しさでした。この環境に合わせて私たちの遺伝子と脳は設計されているのだということがしみじみと実感できました。日本では、不快な夏の夜を「熱帯夜」などといいますが、熱帯雨林には不快な「熱帯夜」はないのです。

13　熱帯雨林環境音と都市騒音

これらの熱帯雨林に録音機材をもちこみ、環境音を収録しました。分析したところ、熱帯雨林の自然環境音には、人間の可聴域上限を大幅に超え、時として一〇〇キロヘルツをも上回り、しかもミクロな時間領域で複雑に変化する高密度高複雑性の超高周波が豊かに含まれていました（図1・9）。この熱帯雨林の環境音の中で何百万年もの間、私たちの心と体はそれにぴったり合うように進化してきたわけです。そのおもな発音源は、森に生きている昆虫類であろうと考えられます。

熱帯雨林の音を録った同じシステムで、都市の環境音も収録・分析してみました（図1・9）。その結果、都市の遮音性の高い屋内では、環境音の周波数上限はしばしば五キロヘルツ以下にとどまります。トラックが通過している道路沿いでも、環境音の上限が二〇キロヘルツを超えることはまれです。私たちの遺伝子を育んだ熱帯雨林の音環境と、私たちが住んでいる現代都市の音環境とは、情報構造が大きく異なっていたのです。一方、良好な屋敷林やバリ島の村里のような、自然と調和した居住環境では、環境音は五〇キロヘルツ程度にまで及ぶことが見いだされました。

そこで私たちは、録音した都市騒音と熱帯雨林環境音とを実験室内で再生して、都市騒音に熱帯雨林環境音をミックスして呈示したときの影響を検討しました。その結果、熱帯雨林の音が加わると、基幹脳血流量と高い相関のある脳波α波ポテンシャルが統計的有意に増大し、基幹脳の活性化が確認されました。このとき、がんの一次防御などに機能するＮＫ細胞活性が高まるなど、免疫力も高まりました。一方、ストレスホルモンといわれるアドレナリンは低下しました。心理的な印象としては、ハイパーソニックサウンドが加わった環境音は、より雰囲気がよく、いらいらせず、気持ちよく、ここで暮らしたいと感じさせ、しかも音を聴いた後の方が爽やかで頭が軽くなり、はっ

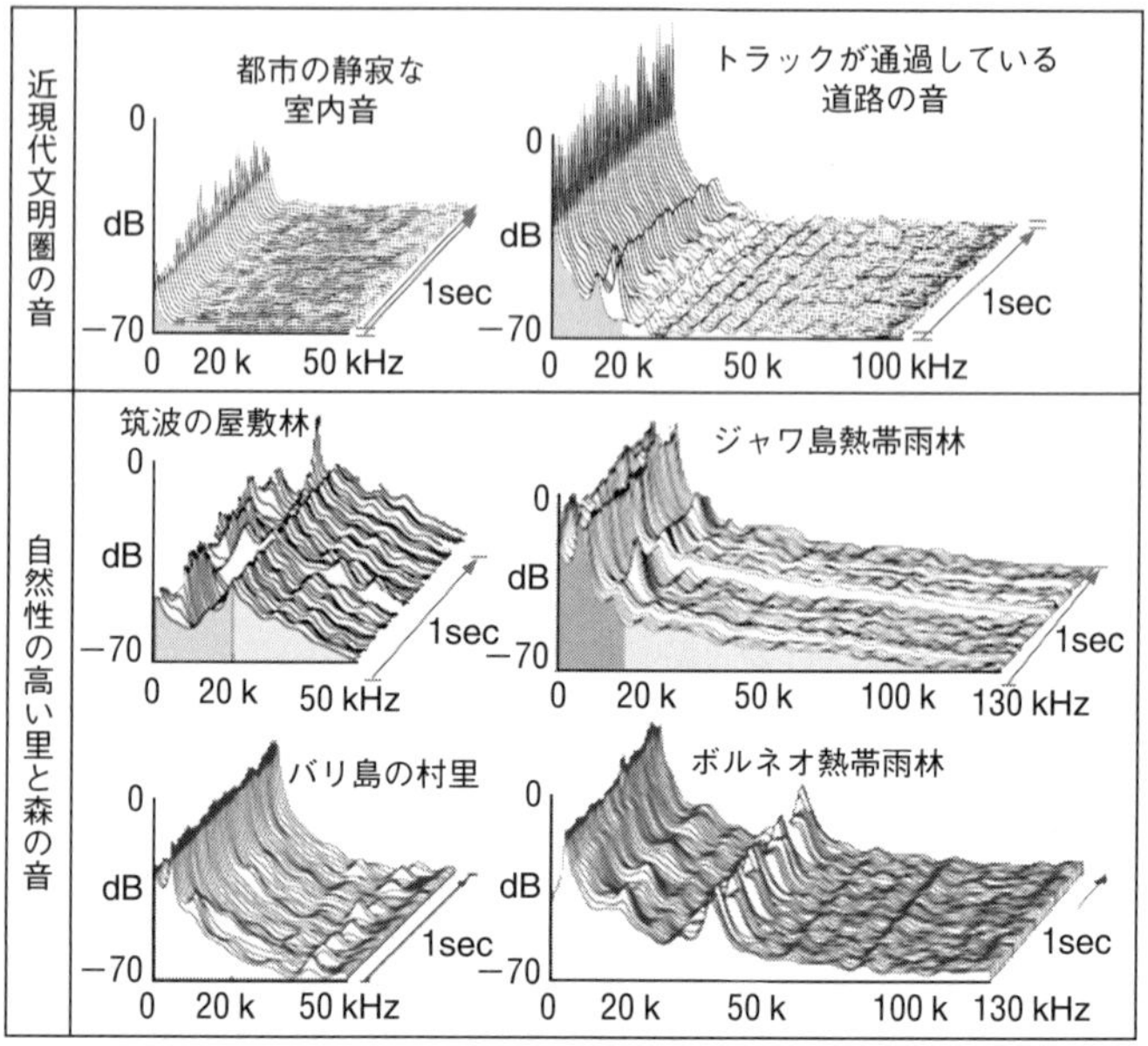

図1・9　さまざまな環境音の情報構造（章末文献1）

きり音が聞こえたり、ものが見える。つまり、快さや安らぎとともに、知覚の鋭敏化ももたらされることがわかりました。

次のステップとして、実在の街に超高周波を再生できる特別なスピーカーを設置し、実装実験をしてみました。この街の環境音は、二〇キロヘルツ以下の成分しか含まれていない典型的な都市環境音です。ここに、ボルネオで収録してきた超高周波たっぷりの環境音を素材として創ったオリジナルなハイパーソニックサウンドを流し、その効果を計測しました。するとまず、基幹脳の活性化が確認されました。また、ＮＫ細胞活性が高まるなど免疫力が高まる一方、コルチゾールなどのストレスが高いときに分泌されるホルモン濃度は低下しました。心理的な印象としても、ハイパーソニックサウンドが加わった街の環境音は圧倒的によい評価を受けました。

さらに、騒音環境での超高周波成分の効果も検討しました。たとえば鉄道の列車の中では、騒音レベルが高いうえ、アナウンスが「うるさいのに聴き取りにくい」といったクレームが多いそうです。そうした列車の環境音に「聴こえない超高周波」だけを付加して再生し音の印象評価実験を行いました。その結果、音環境に対するマイナスの評価がすべての項目でプラスに転じ、アナウンスの言葉は聴き取りやすく、良い声に感じられることがわかりました。音環境に対する不快感もかなり緩和されます。同時に行った脳波計測の結果、超高周波成分を付加呈示することによって基幹脳の活性が高まることが、高い統計的有意性のもとに示されました。こうした生理反応を反映して、環境に対する好感度・高評価という心理的反応が現れたものと考えられます。

14　医療への応用

最後に、超高周波の応用領域として今後重要になってくるだろうと考えて私たちが取組んでいる、薬に依存せず情報によって心と身体を癒やす新しい医療「情報医療」の可能性についてごく簡単にご紹介します。
ハイパーソニックサウンドによって活性化される基幹脳の中には、神経核とよばれる細胞群がたくさんあり、それぞれが生命活動を維持するうえでとても重要な働きをしています。それらのうちどれか一つでも働きが衰えると、深刻な心と体の病がひき起こされます。たとえば、がんやメタボ、認知症、うつ病や虐待などです。そこで、ハイパーソニックサウンドによって基幹脳の活動を活性化して正常に近づけることによって、こうした現代病をおさえるような効果が期待されます。しかも、薬と違って副作用がないはずです。同時に、基幹脳は感動や歓び、思いやり、共感を生み出す神経回路の起点でもあります。快適感が上昇し、知覚が鋭敏化することも期待されます。

二〇一三年三月には、岩波書店の『科学』という雑誌で、このハイパーソニックエフェクトが特集されました(章末文献4)。そのとき編集部がつけた副題は、「超高周波が導く新たな健康科学」となっており、この現象の応用として心と体を癒やすという効果が注目されていることをあらためて認識しました。

ただし、現代病の抑止効果、といった大きなテーマに取組むには、薬の治験と同じように、極めて厳格な検討が必要になります。そこで、げっ歯類を使った動物実験を行うとともに、現在、ある国立病院と協力して、ハイパーソニックサウンドの効果を検証する実験を始めています。

遺伝子と脳に約束された人類本来の音環境がハイパーソニックサウンドすなわち「聴こえない超

高周波」を含む情報環境である可能性は否定できません。そうであるならば、最先端の科学技術を活用してそれを現代社会に新しいかたちで回復するという貢献を果たすことをめざして、今後も研究を進めていきたいと考えております。

参考文献

（1）大橋力、『音と文明——音の環境学ことはじめ』、岩波書店（二〇〇三）.

（2）仁科エミ、河合徳枝、『音楽・情報・脳』、放送大学教育振興会（二〇一三）.

（3）'Inaudible high-frequency sounds affect brain activity, A hypersonic effect', Oohashi, T., Nishina, E., Honda, M., Yonekura, Y., Fuwamoto, Y., Kawai, N., Maekawa, T., Nakamura, S., Fukuyama, H., Shibasaki, H., *J. Neurophysiol.*, **83**, 3548～3558 (2000).

（4）「特集：ハイパーソニック・エフェクト——超高周波が導く新たな健康科学」、科学、二〇一三年三月号、296～301、304～345、岩波書店、（二〇一三）.

（5）'The role of biological system other than auditory air-conduction in the emergence of the hypersonic effect', Oohashi, T., Kawai, N., Nishina, E., Honda, M., Yagi, R., Nakamura, S., Morimoto, M., Maekawa, T., Yonekura, Y., Shibasaki, H., *Brain Research*, 1073～1074, 339～347 (2006).

（6）'Frequencies of inaudible high-frequency sounds differentially affect brain activity: Positive and negative Hypersonic Effects', Fukushima, A., Yagi, R., Kawai, N., Honda, M., Nishina, E., Oohashi, T., PLOS ONE, Vol.9, No.4, e95464 (2014).

第2章　錯覚するのも悪くない

村上郁也

1　心理学を理解するための便利な道具――錯覚

私たちは日常生活の中で「錯覚しちゃったよ」、「眼の錯覚に過ぎない」などと言います。では、錯覚は悪いことでしょうか。少なくとも、私ども基礎心理学専門の研究者は錯覚の良い面、使える道具立てである面を利用して研究や教育に役立てています。

ルビンのつぼ

たとえば、大学で教える心理学の教科書でよく使われている図形で、「ルビンのつぼ」というのがあります（図2・1）。

真っ暗闇の中で柱が建っているようにも見えるかもしれません。花びんのような物だとも見えます。実はこの画像は、明治時代の文豪である正岡子規の肖像写真をシルエットにして左右向き合わせにしたものなのです。このように人の顔のシルエットを向き合わせた輪郭があれば誰でも「ルビンのつぼ」をつくることができます。

でも、二人の正岡子規が一つのつぼにチューしているようには見えないと思います。この「ルビンのつぼ」を見たときに、二つの顔に見えたり、一つのつぼに見えたりしますが、私たちは顔とつ

図2・1　ルビンのつぼ　一つのつぼに見えたり二つの顔に見えたりする.

図2・2　ペンローズの三角形　どの頂点を見ても立体として成立しているが, 全体的に正しい立体図形としては成立しない.

ぼが同時には見えないように宿命づけられた動物です。一方が図に見えるときは、他方は地に見える。どちらもが図に見えたりはしない。心理学の教科書では、錯覚は基礎心理学における知覚的体制化の例として理解するための便利な材料として使われています。

ペンローズの三角形

また、不可能図形の例としては、「ペンローズの三角形」があります（図２・２）。

この立体をこの形で実際に作ることはできません。局所的にはどこの頂点と辺を見ても立体として成立しますが、全体的に整合的な立体としては成立しません。これが正しい立体に見えてしまうのはなぜかというと、私たちが立体感を把握するためには局所的なメカニズムが働いていて、立体かそうでないかは図形の中の小さな部分部分で判別される。一方、全体的に整合的かを判断できるハードウエアは持ち合わせていない。だから、どの局所も立体としてオーケーなら、全体的にも立体としてオーケーに相違ない、という見解がなされるのです。日常ほとんどの場合、その見解でオーケーなのですが、たまに錯覚図形を見せられるとだまされる、ということです。

図形の特徴を捉えるという網膜像からのボトムアップの情報処理と、脳内にある原型との照合を行うというトップダウンの情報処理を結合して、初めて物体を認識できる仕組みになっています。私たちの感覚・知覚のメカニズムはとても複雑玄妙に働いていて、それによって自然なグラフィカルユーザーインターフェイス（注1）を心の上に立ちのぼらせるように進化してきました。

誰かに何か変な図形を見せて、不思議な見え方をしたという錯覚が起こった。しかも何人に見せても、同じ不思議な見え方をしたという関係があれば、そういう不思議な見え方をもたらすような、あえてそのように体系的に動作するメカニズムがあるはずです。どうしてそんなメカニズムがあるかというと、それはこの世の中で生きていくために進化して実装されたからです。しかも、錯視を見るためにそれが進化したというはずはないので、普段は何らかの別の目的のために動いているシステムであるはずです。それで、普段はどう動いているかを推定する研究に使える、便利な研究道具として錯覚図形を用いることができるということになります。

2　錯視を起こす視覚の仕組み

では、研究現場では錯覚図形を用いてどのように視覚の仕組みの解明を進めているのでしょうか。基礎心理学、感覚・知覚の実験というと、なにか特別な環境や道具を使っていると思われるかもしれません。実際には、「高性能視覚刺激提示装置」として、実はパソコンを使って実験しています。

頭部固定装置を使って、CRT（ブラウン管）画面から観察者の頭部までの距離を固定した環境で、画面に提示された刺激を見て、反応を入力装置で入力します。ここで、この実験環境のサーキットを閉じるために一番重要なものの一つが熟練観察者です。つまり自分自身こそがサーキットの重要部分なので、極端な話、二四時間いつでもどこでも、このような形の研究を行うことができます。視覚刺激を見せて、それが見えた自分がいて、その見えた自分が右に動いて見えたか、左に動いて見えたかをキーボードで入力して、何を見せたらどういう知覚が生じたのかという関係を、何千回も何万回も、暗くて暑くて狭くて貧しい光学暗室で実験しています。

運動残効

運動残効とは、下方向に動いているものを長い間見ていた後で静止しているものを見ると、上方向に動いて見えるというように、今まで見ていたのと反対の方向にものが動いて見えてしまう現象です(注２)。実際スクリーンに映っているものは静止しているわけですが、動いて見えてしまうというのは、心の中で動いて見えてしまうことになります。動きに対して感度をもつメカニズムの仕組

（注１）情報処理用語で、ユーザーにとって直観的に視認や操作がしやすいように画面上に情報を提示する出力装置一般。

（注２）http://www.l.u-tokyo.ac.jp/~ikuya/html/aboutus.html（本書中のＵＲＬは二〇一五年一二月現在のものです。）

みとは結局、下向きなのかあるいは上向きなのか、であったり、左なのかあるいは右なのかという、シーソーのようなものになっています。たとえば下向きに動くものがずっとあれば、そのずっとある間は下向きに動くものを受取る脳内のメカニズムが活性化して、いわば重くなって傾いてくれています。しかし、下向きだったら下向きという動きが続いてそれに慣れてしまうと、疲れて感度が鈍くなってしまいます。疲れた後で静止しているものを見ると、本来、つり合いがとれているはずなのに、先ほどの感度の違いが出てきてしまい、反対の方向に傾いていると認識してしまうという説明がされています。また、この運動残効という現象からわかることにはもう一つあります。錯視が生じている間、動きは見えているのに、刺激の位置は元のところにあり続けて感じる。位置の処理とは別に動きが処理されている、ということでもあるのです。

ヘルマンの格子

もう一つ紹介する錯視としては、一九世紀のヘルマン（Ludimar Hermann, 1838～1914）という人が開発した「ヘルマンの格子」というものがあります（図2・3）。自分で見つめている箇所には何もおかしなことは起こらない。けれども自分が見つめていない視野周辺の所の交差点のあたりに、うすぼんやりと薄暗いしみが見えたりする、そんな錯覚です。

この錯覚からわかる視覚の仕組みとは何だろうかを一九世紀以来研究者が探究してきた結果、「周

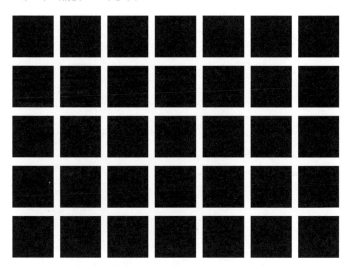

図2・3　ヘルマンの格子　視野周辺にある交差点のあたりにうすぼんやりと暗いしみが見えたりする.

りとの間で引き算する計算装置」があるためではないかという結論が出ています。

ここで、視覚の神経細胞、**ニューロン**が登場します。私たちの網膜にある視覚ニューロンは、それぞれ網膜上のある一定の場所にだけ感度をもっていて、そこから出された光のみに応答するという機能をもっています。そして多くのニューロンでは、網膜上の特定の位置に同心円状の担当領域をもっていて、その中心に光が当たって中心が明るくなるとプラスの応答をし、周辺に光が当たって周辺が明るくなると今度はマイナス応答になるような、真ん中と周りとの間で引き算をする引き算専用の計算機になっていると考えられます。どこもかしこも真っ白だと、プラスとマイナ

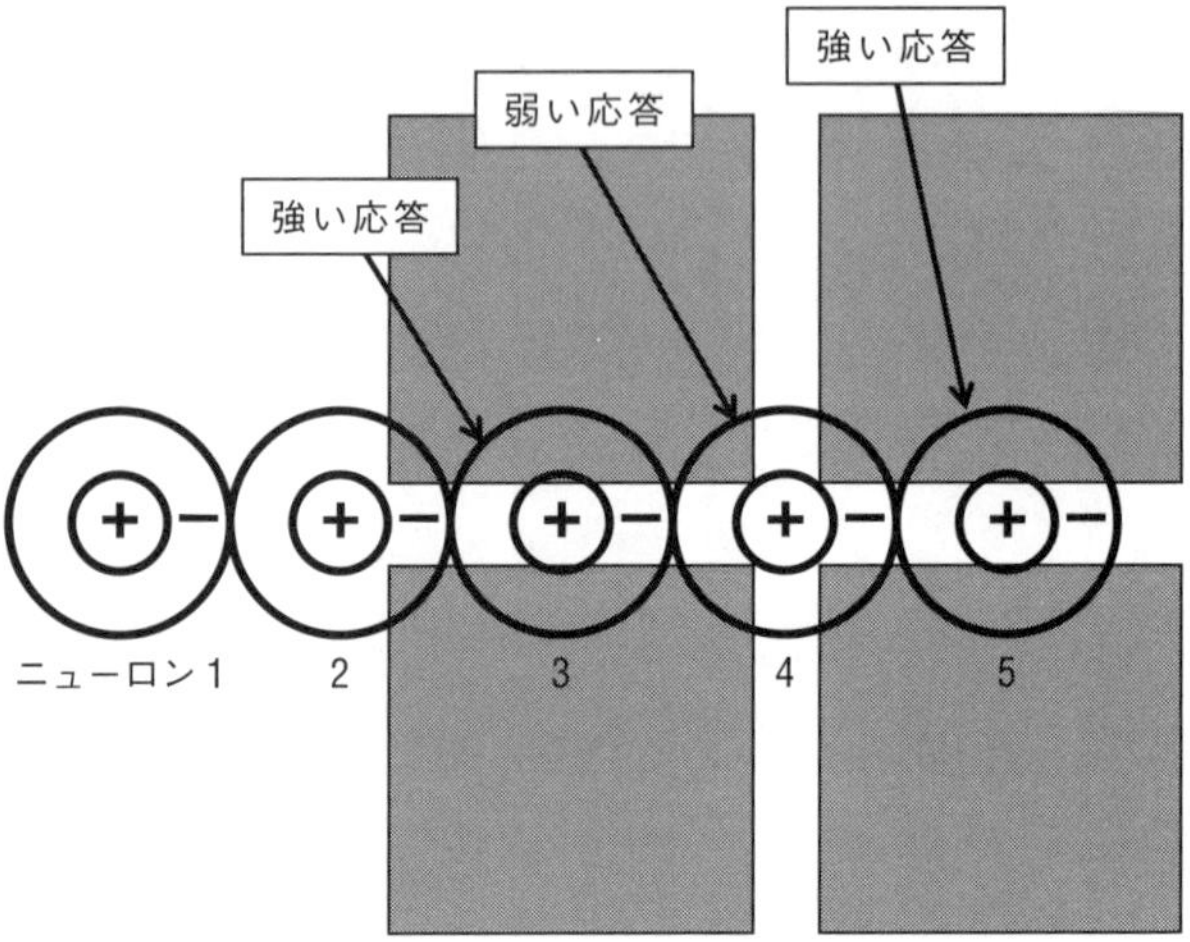

図2・4 「ヘルマンの格子」の錯覚の仕組み 中心が白くて周りが黒いと，出力が大きくなるニューロンが並んでいる．G. Baumgartner, *Pflügers Archiv für die gesamte Psychologie*, **272**, 21〜22 (1960) による説明．

ス差し引きゼロで応答がゼロになります。真ん中が白くてその周りが黒である光が、このニューロンにとっては最適な刺激ということになります。

こういう応答様式をもっているニューロンを、**中心周辺拮抗型受容野**をもつニューロンといいます。中心周辺拮抗型受容野をもっているニューロンがあると、どうして「ヘルマンの格子」の錯覚が生じるかの説明が図2・4です。

まず、個々のニューロンは限られた網膜上の場所にしか感度をもっていないので、ニューロン1、ニューロン2、ニューロン3、ニューロン4、ニューロン5……、こういう風にびっしりと視野を覆って、引き算専用の計算装置が植えられていると考えてください。

両側に黒地がある左から3番目のニューロンだったり、5番目のニューロンだったりというのは、受容野の周辺部に黒い光が多少あるので、「ああ、これ好きよ」といって、応答の出力が上がります。それに対して交差点の所にある4番目のニューロンは、周り、受容野周辺部に黒い光はあるにはあるけれども、比較的少ないので、3番目や5番目のニューロンよりも「あまりこれ好きじゃないよ」といって出力を弱めているとします。こうしたニューロン群の活動状態が心の上に視覚として立ちのぼったとき、交差点でないところは白い色だ、だけど交差点の場所は白よりも暗い色だというふうに解釈されるので、「ヘルマンの格子」という錯視、すなわち、交差点の所で薄暗く見えてしまうということが発生してしまいます。

もう一つは、視野の中心で見ると何も起こらないのに、視野の周辺で見るとこういうことが起こってしまうということは、視野の中心から周辺にかけて視力が違ったりするように情報処理の空間分解能の違いがあるなかで、何か最適な刺激のサイズがあるのだろうということが読みとれます。これは全部教科書に書いてあることですので、私自身が言っていることではありません。それが関係しているかもしれない、もう一つの現象として、明るさの対比という現象が古くから知られています。

明るさの対比と同化

図2・5（a）の真ん中の十字形を見つめると、左にある灰色は暗くて、右にある灰色は明るい

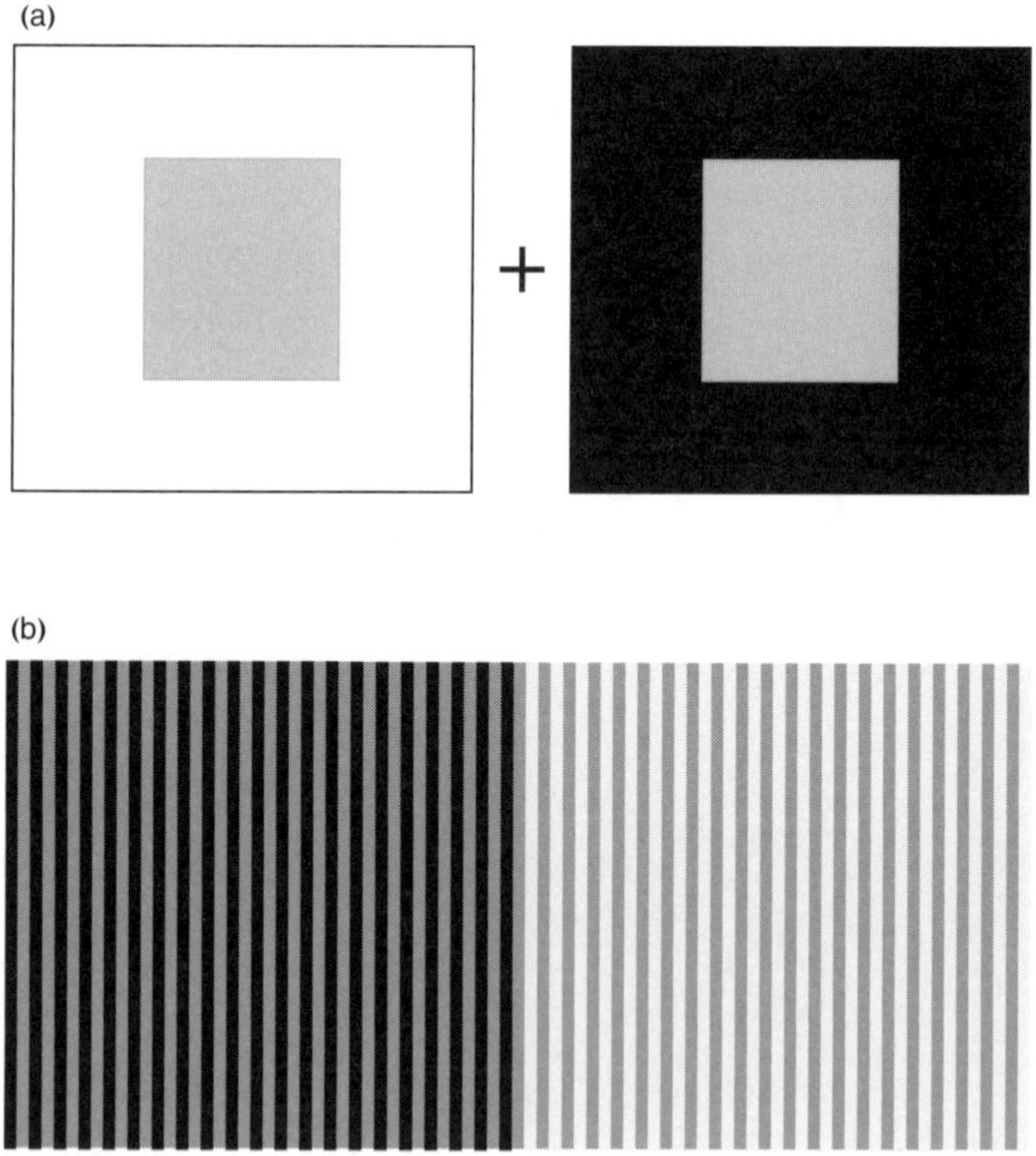

図2・5　明るさの古典的錯視　(a) 明るさの対比　暗い中に囲まれた灰色は明るく見え，明るい中に囲まれた灰色は暗く見える．　(b) 明るさの同化　パターンが細かいと，暗い中に囲まれた灰色は暗く見え，明るい中に囲まれた灰色は明るく見える．

という関係になっていますでしょうか。同じ灰色でも、明るい中に囲まれると暗く見えて、暗い中に囲まれると明るく見えるというように、周りと反対方向に明るさが見えるのですが、物理的には同じ灰色なのです。これも先ほどの中心周辺拮抗型受容野という、違いを強調するメカニズムが関与しているかもしれないといわれています。

刺激のサイズが鍵になることから、明るさの同化という現象も古くから知られています。今度は図2・5(b)の左の灰色と右の灰色、どちらが明るく感じられますか。右が明るく感じられませんか。といってもこれは観察距離に依存するので微妙なのですが、物理的には同じ灰色です。もしこれを見たとき左が暗くて右が明るいというように見えたなら、周りと同じ方向にバイアスされて明るさが見えるという現象になって、これを明るさの**同化**といいます。刺激のサイズが粗かったら対比、細かかったら同化という関係になっているでしょうというところから、私自身の話に入りたいと思います。

3　動きの視覚ニューロンにも中心周辺拮抗型があった

一九九〇年の話ですから、もう二五年ぐらい前ですが、当時東京大学教養学部におられた下條信輔先生に従って実験をしていた時代のお話をします。明るさに関する同化と対比の話をしました

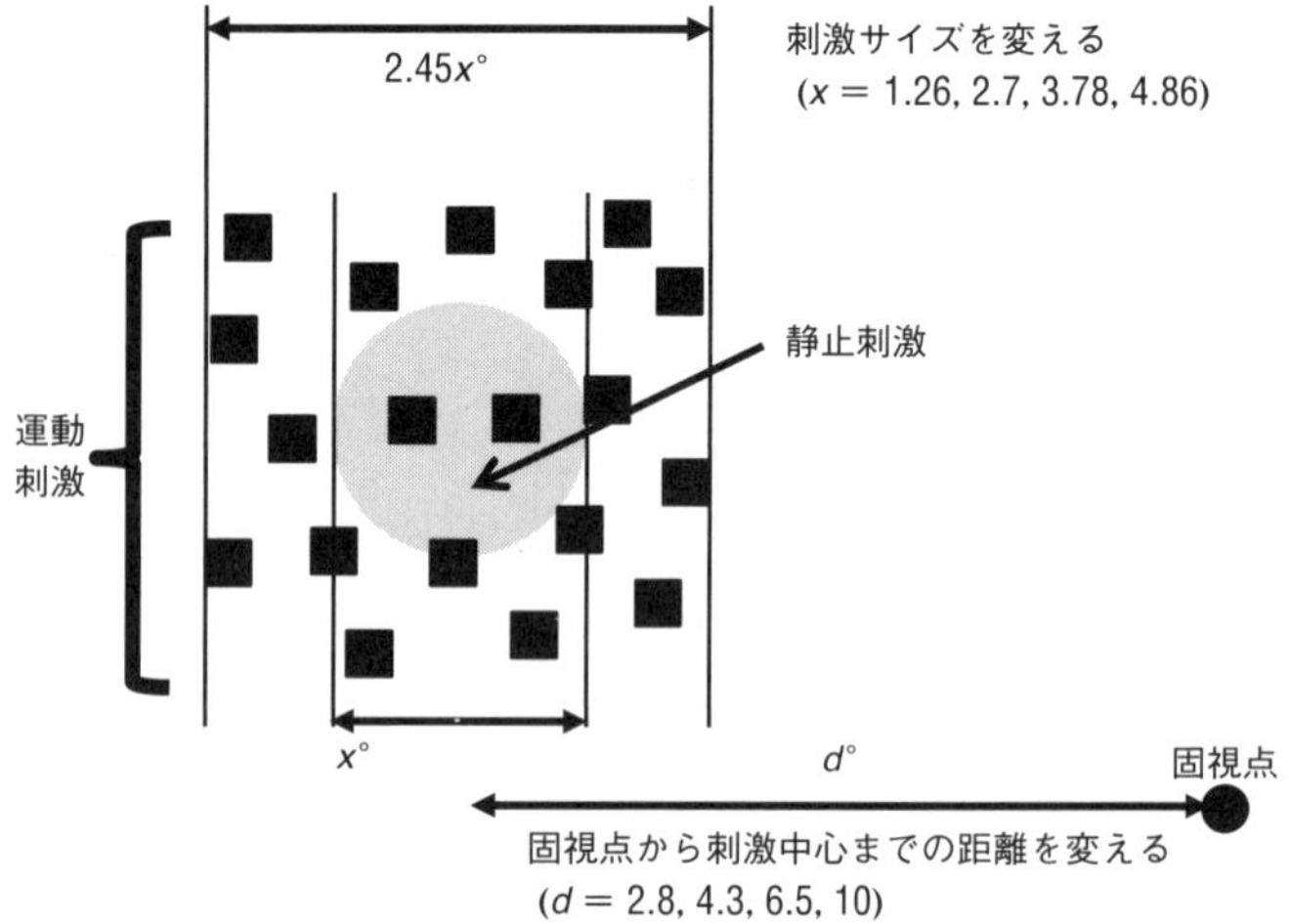

図2・6　運動の同化と対比の実験で用いた刺激 (Murakami & Shimojo, 1993)　刺激のサイズを4段階に変え，刺激と固視点の間の距離を4段階に変えて実験した．ボツボツ模様の運動刺激を上方向に動かすと，視野の中心で見た場合は真ん中の丸い静止刺激が下方向に動くように見え，視野の周辺で見ると運動刺激と一緒に動くように見える．

が、当時の研究テーマとしてわれわれは運動、物の動きに関して興味をもっていて、運動についても中心と周辺を比べるメカニズムがあって、中心は上で周辺は下が好きだよっていうようなニューロンがあるとうれしいよねと思っていましたが、実際、そのような様式のメカニズムが人間の脳内にあることが心理学的にわかったという研究です。

先ほどの明るさの同化と対比で示しましたように、灰色だったら灰色を何かで囲んでやるようなことを運動に関して行いたいので、真ん中には止まっている円形の図形を出して、周りというか、それを覆うような形でボツボツを出して、ボッボッを上に動かしたとき、これを視野の中心に近いところで見ると、反対に下に動いて見えます（図２・６）。これに対して、たとえば右上を見つめながら視野の周辺で同じ画像を見ると、今度は不思議なことに、静止図形がボッボッとくっついて同じ方向に動いて見えます。単体としてはこれらいずれも当時知られていた現象で、それぞれ**運動の対比**(注３)、**運動の同化**(注４)といいます。ところが、いろいろ現象観察をしていたところ、同じ視覚刺激で両方が生じて、運動の対比が起こる場合もあり、運動の同化が起こる場合もあったので、これをシステマティックに調べてみましょうという動機でやったのが、当時学生だった私にとって初めての知覚の実験でした。

ちょっと技術的なことを紹介させていただきます。独立変数を二つ設けました。一つは刺激サイズを変えました。静止刺激の直径を x として、ボッボッ領域の一辺は二・四五 x ですから、一対二・四五を固定して x を変えるので、要するに画面上で拡大コピーをして四段階設けることになります。それから刺激と固視点との間の距離を四段階に変えることにより、視野上の提示位置をもう一個の独立変数としました。刺激のサイズと、それを視野のどこで見るかということ、その二つの種類の独立変数を変えたときに、運動の同化が起こるか、対比が起こるかという錯視の量を従属変

（注３）http://www.kecl.ntt.co.jp/IllusionForum/v/motionContrast/ja/
（注４）http://www.kecl.ntt.co.jp/IllusionForum/v/motionAssimilation/ja/

数として実験をしました。

これら、四かける四の一六条件で、何が見えるかを実験参加者に聞きました。静止刺激が運動刺激に対してどちらの方向にどれだけ動いて見えるか聞いたのです。図2・7のグラフはちょっとわかりにくいので、順番に読んでいきましょう。縦軸は、錯覚がどちらの方向にどれだけの強さで起こるかという、錯覚の主観的強さを表しています。上に行けば行くほど、運動刺激と静止刺激が同方向に動いて見えます。下に行けば行くほど、反対方向に見えます。物理的に静止しているにもかかわらず、そういうふうに見えます。

横軸には刺激のサイズをとります。右に行けば行くほど刺激が拡大しています。視野上の位置を「偏心度」という用語でよび、四段階の偏心度でのデータを四本のグラフで書いています。まず、視野の中心に近い所でこれを見ると(●)、結構反発して動く、運動の対比が起こりやすいということがわかります。視野上の位置をだんだん遠くしていくと(○)、やっぱり対比が起こりやすいのですが、刺激のサイズが小さ過ぎると同化が起こることになります。それから、もうちょっと視野上の位置を遠ざけると(▲や△)、対比はまだ起こりますが、運動の同化が起こりやすくなって、刺激のサイズが小さいほど同化が起こりやすい関係になっていることがわかりました。ですが、何かゴチャゴチャしています。

私の指導教官はゴチャゴチャがあまりお好みじゃなかったので「おまえ、ゴチャゴチャは何とか

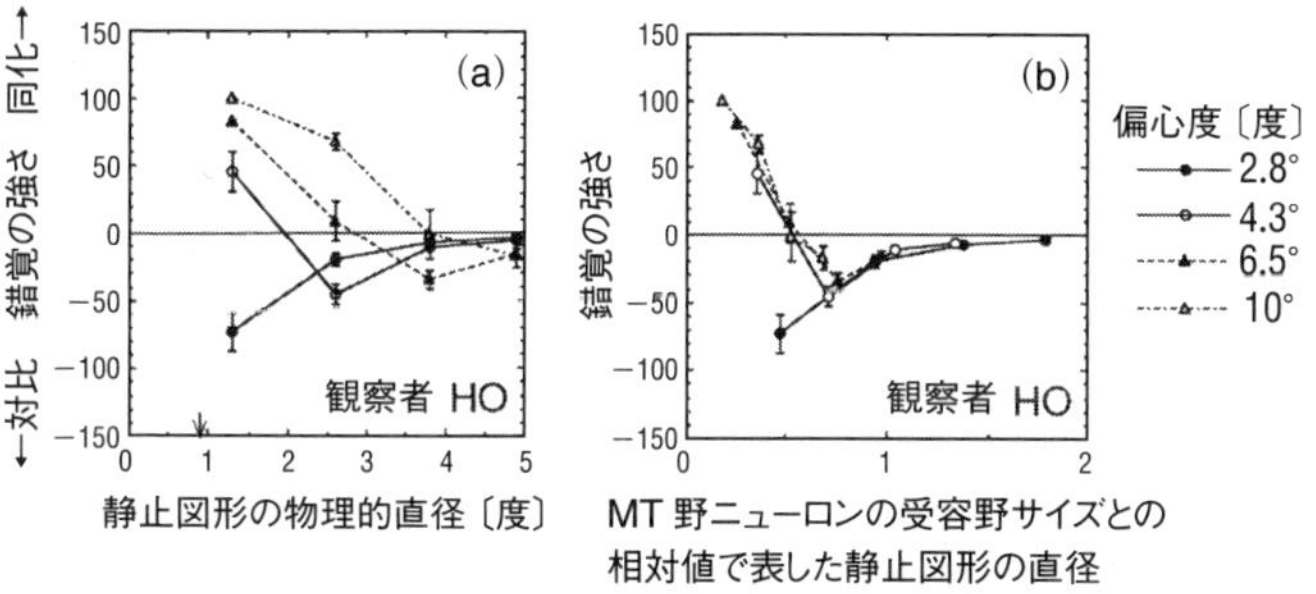

図2・7　運動の同化と対比の実験結果 左側(a)が実験結果，右側(b)が横軸をニューロンの受容野サイズを1として相対刺激サイズにしたもの．縦軸は錯覚の強さ，横軸は刺激サイズ，4本のグラフは視野上の位置（偏心度）が4段階だったことに対応する．*Vision Research*, **33**(15), Ikuya Murakami, Shinsuke Shimojo, "Motion capture changes to induced motion at higher luminance contrasts, smaller eccentricities, and larger inducer sizes", 2091 ～ 2107, Copyright (1993) より Elsevier の許可を得て転載.

しなさい」と言われまして、その当時わかりつつあった生理学データを援用することにしました。サルの大脳皮質の話ですが、大脳皮質には視覚を担当する領野が、複数の領野に分かれて存在しています。そのうちのMT野とよばれている大脳皮質の視覚領野には、運動に対して選択的に応答するようなニューロンがたくさんあります。MT野が壊れるとものの動きがわからなくなる、などといったことから、この領野が視覚運動に重要な場所であることがわかっています。そういったニューロンの受容野特性を詳しく調べた生理学者がいます。

たとえば、まず左の方向に動いていると全然応答しないが、右の方向に動いているとバリバリバリッと応答する、右方向選択性のニューロンがあります。しかも、右方向に真ん中が動い

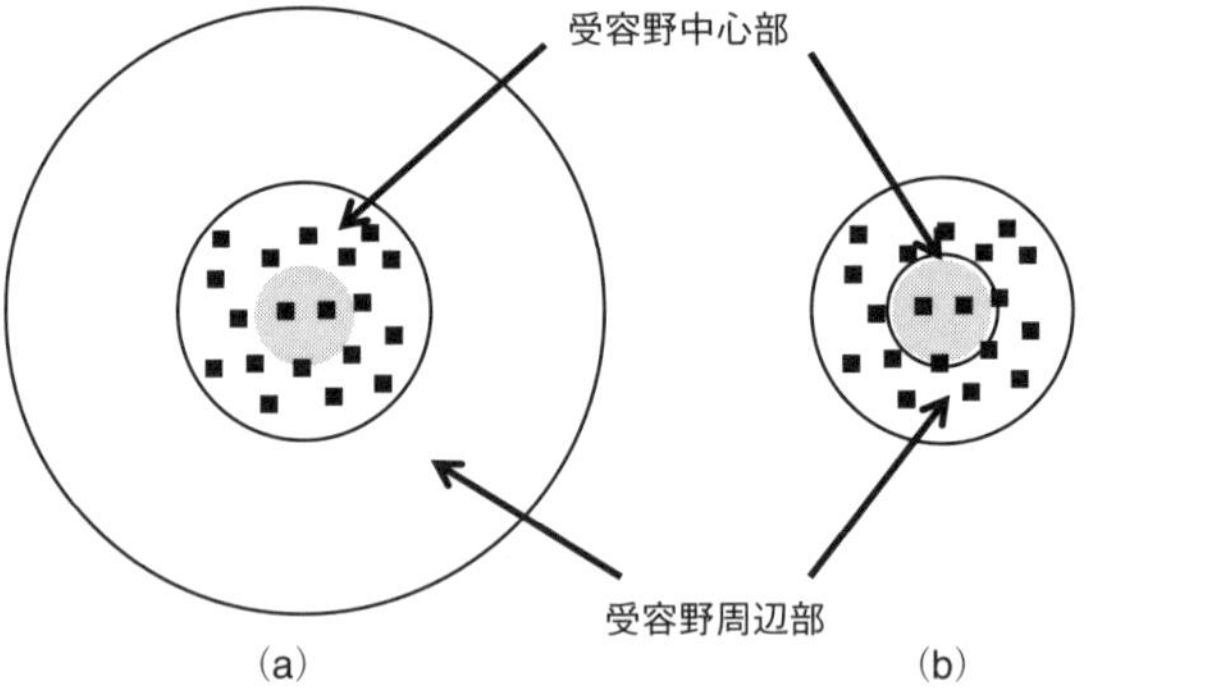

図2・8　運動の同化と対比の説明 (Murakami, Shimojo, 1993)　刺激全体がMT野ニューロンの受容野中心部に入ってしまうような刺激サイズ (a) だと運動の同化が起こり，静止図形が受容野の中心部にあり運動図形が受容野の周辺部まで広がっているような刺激サイズ (b) だと運動の対比が起こる．

ていて、周りも右方向に動いてしまうと、応答がなくなってしまうというものです。あたかも差し引きゼロとするかのように、同じ方向に全部が動いていると応じない。真ん中だけ右に動いていると応じるという、いわば運動方向に関する中心周辺拮抗型受容野をもつニューロンがあります。

そのニューロンの受容野のサイズを調べた先生がいて、しかも視野上の位置ごとに調べています。その受容野サイズを1として、私たちが用いた刺激の相対刺激サイズでプロットすると、図2・7の (b) のグラフのように異なる視野上の位置の違いが吸収されてしまいます。

刺激サイズとMT野ニューロンの受容野サイズの関係を表したものが図2・8です。左図

（ａ）のように刺激サイズがＭＴ野ニューロンの受容野中心部に落ちてしまうと運動の同化が起こり、右図（ｂ）のように、周辺部が受容野の同心円にいい感じに落ちてくれると運動の対比が生じるという実験結果だったわけです。

言い方を変えると、視野上の位置によらず、どこもかしこも受容野のサイズに対して適切な刺激サイズにするように拡大コピーをすることによって、常に運動の対比が生じるという関係になっています。

そのうちに、人の、生きて、起きて、活動して、課題を遂行している最中の大脳皮質の活動をモニターできる機能的ＭＲＩ（機能的磁気共鳴画像法、ｆＭＲＩ）技術が実用化されて、静止した図形なのにもかかわらず、運動の対比が錯視現象として生じて知覚されている際に大脳皮質の活動がどうなるかがわかるようになりました。人のＭＴ野が、画像は動いていなくても、心の中でものが動いて感じられているときに活性化をするというデータも、当時研究室の大学院生だった竹村浩昌氏、京都大学の蘆田宏准教授たちとの共同研究の成果として出しています。それで、そのＭＴ野の中心周辺拮抗型受容野が運動の対比に本質的に関わっているのだろうなということを結論として得ました。

「運動の対比・同化は視野上の位置を問わず、中心周辺拮抗型受容野に対する刺激サイズで説明が可能である」というのが筆者らの発見でした。

4　眼は揺れている、網膜像は揺れている、脳の機能で揺れは見えない

眼には**固視微動**というものがあります。固視微動は、今この瞬間も皆さんの眼に生じているはずです。眼を止めていると思っても、いくら頑張っていても、知らないうちにいつも揺れているのです。眼位を時間の関数として表すと、ガチャガチャと震えている成分があります。これによって順応を防ぎ、視野上の視覚対象が消えてなくなることを防いでいるという、機能的に非常に重要な側面があります。反面、眼には眼ぶれがあるということになります。なので、今この瞬間も、自分の網膜像というのはガチャガチャと揺れているところから出発して計算しているのが、私たち人間や動物の宿命ということになります。それにもかかわらず、眼を開けて世界を眺めると、非常に悠然平らかな安定視野が実現しています。そんなことがどうして可能なのでしょうか。私たちの脳は「相対運動がない限り動きはないことにすればいいじゃないですかモデル」を使って揺れの補正をしているというのが私の仮説です。

外の世界に静止した壁紙のような、何も動いていない物があったときも、眼が動けば、今この瞬間に左下方向にパッと眼が動いたことに由来して、網膜像に右上方向にガチャッと動く成分というのが出てくるわけです。しかし、全部が全部、近似的に同じ方向に同じ速度で動いているのであれ

ば、脳はこれを賢く解釈して「この中に別に相対運動がないのだから、動きはないことにしましょうよね」と解釈するので、外の世界に動きをつけないというような計算結果を出力するというモデルです。

もう一つは静止した壁紙の上の真ん中にゴキブリのような物があって、実際に上方向に動いている物を見たときに、たとえば今この瞬間に左下方向にパッと眼が動いたら、網膜像は右上方向に全部が全部動くのだけれども、その中に相対運動が真ん中と周りとの間で発生していて、その相対運動をちゃんと解釈しないといけないときに限り、「動きがあるよ。これは眼の動きではありえない。これは物の動きなのに違いない。それ以外のところは止まっている」ということに解釈するモデルです。

相対運動とジター錯視

私たちの視覚においては固視微動は常にあります。だから静止している網膜像というのはありません。網膜像は常に揺れています。しかし、普段は意識しません。静止した物を、眼を動かしながら見ることによって、網膜像はガチャガチャと常に動いているが、ある瞬間にはすべてが同一方向・同一速度で動いているという関係を満たすので、それでは動いてないことにしようと。ではそういった状況においてすべてが同一速度にならないようにしてしまうと、網膜像の揺れは知覚にのぼってしまうかも、という予測が成り立ちます。そしてそれは実際に起こる、というのが、ハーバード大学のパトリック・カバナ教授と私が**ジター錯視**と名づけて一九九八年に『ネイチャー』誌に発表した錯覚現象です。全方向的な運動情報が豊富に含まれる「ダイナミックランダムノイズ」という砂嵐のような動画像を長時間見続けて順応するという操作をすることによって、その順応した部分だけ運動検出メカニズムを疲れさせて感度を低下させる人工的な手続きをすることができます(注5)。その結果、たとえば同心円領域の周辺部のドーナツ型にだけ順応刺激を与え、中心部には単に静止したランダムノイズを与えることによって、その後、周辺は感度が低下しているが中心は感度が正常であるという、感度の分布の違いを誘導することができます。

順応した後で、同心円領域の中心部にも周辺部にも静止したランダムノイズを提示します。やっぱり眼球運動は常に生じているので、眼が動いて、ガチャッと網膜像の全体がたとえば右下方向に動いたとする。物理的な網膜像としては全部が同じ動きをしているにもかかわらず、システムでそれを取得するときに、中心と周辺の感度の違いから、中心は右下方向に動いていて、周辺はあんまり動いてないようにとらえてしまう。それを解釈する際に、「ああ、これは右下方向に動くこういうものが静止背景上にあるのですね」というふうに計算してしまう。固視微動はランダムな方向に動き続けますから、順応の影響が脳に残っている間中は、中心部分だけがガチャガチャゆらゆらと動いて見え、それはとりもなおさず自分自身の眼球運動に伴うものだというわけです。中心と周辺

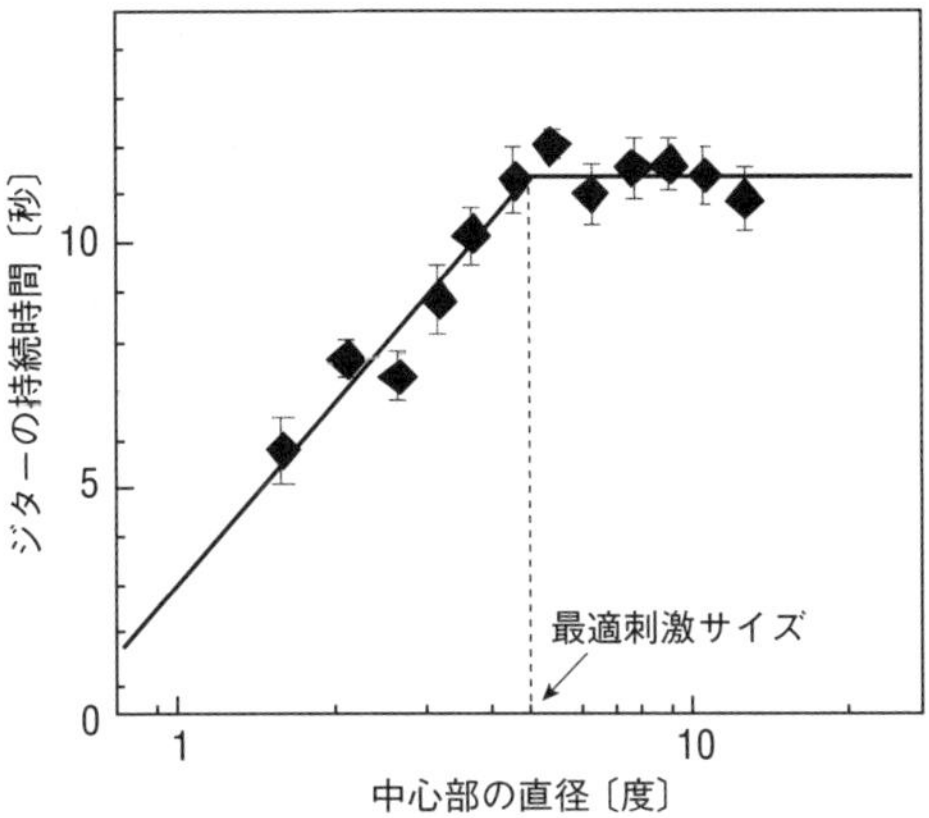

図２・９　偏心度３度のときのジター錯視持続時間　視野中心から３度離れた位置に刺激を提示したときの実験結果．縦軸は，持続時間で評価した錯覚の強さ．横軸は刺激サイズで，刺激の大きさが大きくなるとジター錯視の持続時間が大きくなり，ある大きさで飽和する．この飽和したときの大きさが最適刺激サイズであり，この場合は約５度である．*Vision Research*, **41**(2), Ikuya Murakami, Patrick Cavanagh, "Visual jitter: evidence for visual-motion-based compensation of retinal slip due to small eye movements", 173～186, Copyright (2001) より Elsevier の許可を得て転載．

に偽りの相対運動が人工的にできているとはつゆ知らず、「ああ、ここには何か物の動きがあるのですね。相対運動があるのだから、眼のせいじゃありえない、物の動きに決まっている」と計算してしまい、物の動きとして自分の眼の動きを見てしまうというのが、このジター錯視のメカニズムとして私たちが提案しているものです。

先ほどの第一回目の実験と同じように、相対運動を検出する担当をしているニューロンが中心周辺拮抗型のような計算をしていると

（注５） http://www.newscientist.com/blogs/nstv/2011/08/friday-illusion-shifty-eyes-make-an-image-wobble.html

したら、視野上の位置ごとに最適刺激サイズがあるという、先ほどとまったく同じような挙動を示すかもしれないと考えてやった実験が、次の実験です。ロジックは第一の実験とまったく同じで、刺激サイズを変化させます。それから視野上の位置を変化させます。先ほどとまったく同じです。刺激サイズは拡大コピーしますし、視野上の位置は固視点からの距離を変えることによって変えます。それで、静止した刺激がゆらゆらと動いて見える強さを測りました。実際には、錯視が生じ続ける持続時間を測定したのですが、これをもって錯視量を測ったことになります。

これも先ほどと同じような出し方なのですが、視野上の位置、すなわち偏心度が六段階ありますので、グラフが六種類になります。縦軸が錯視の量で、上に行くほど錯視が強くなるということです。横軸は刺激のサイズです。

図2・9は、視野中心から三度離れた偏心度でこの刺激を提示したときに、錯視量がどれぐらいの強さになるのかというのを、刺激サイズを横軸にしてプロットしたものです。刺激が小さ過ぎるとジター錯視は起こらないのですが、あるところまで行くと起こるようになります。右上がりの勾配から横ばいに変わる変曲点を最適刺激サイズと定義すると、この場合、約五度になります。六段階の偏心度それぞれで同様のプロットをすると、やはり右上がりの勾配から横ばいに変わり、偏心度が違うと最適刺激サイズも違うという関係になっていました。

図2・10は、偏心度を横軸にとって、先ほど定義した最適刺激サイズを縦軸にとって図示したも

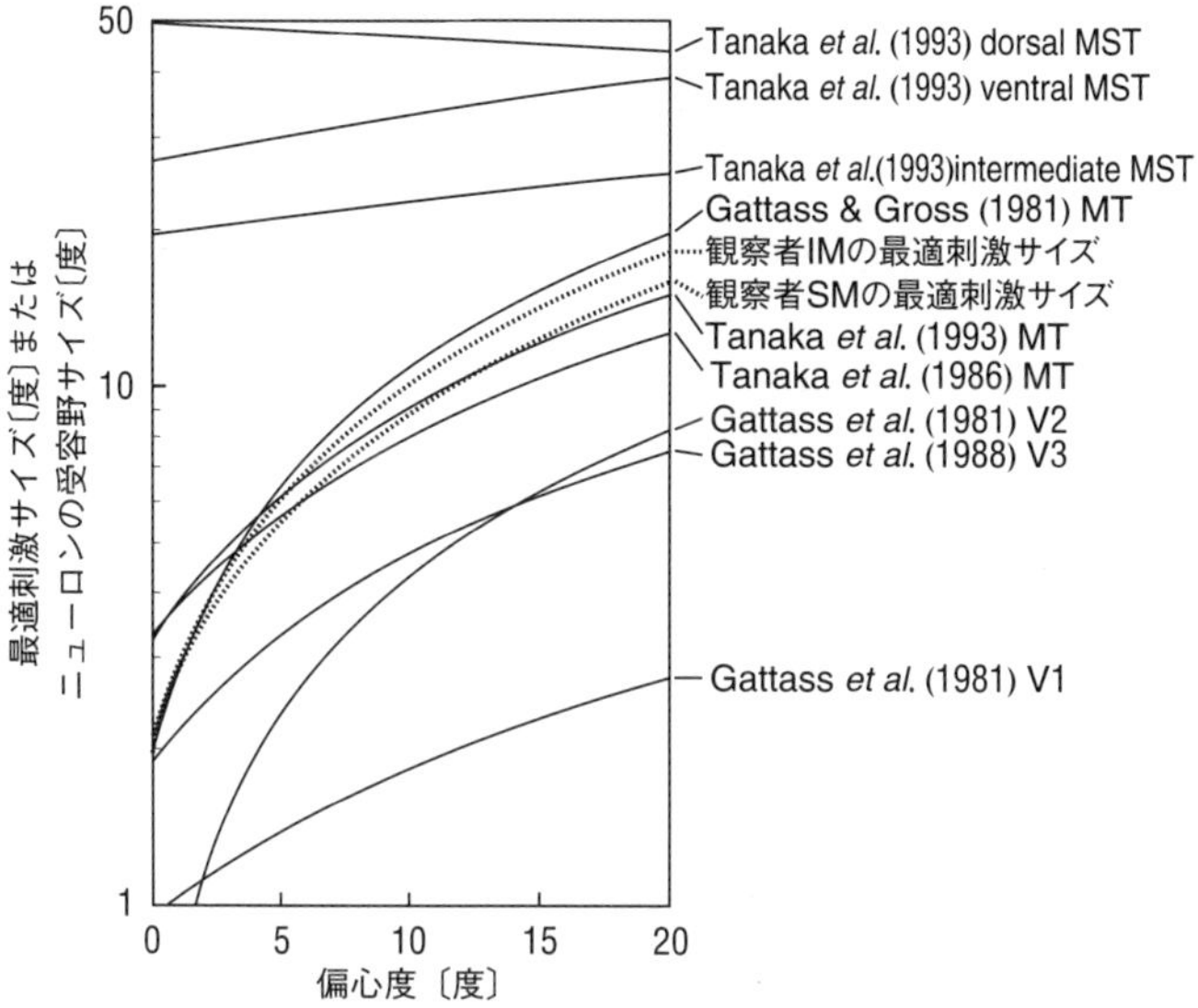

図2・10　最適刺激サイズとMT野ニューロンの受容野サイズ　横軸の偏心度（視野上の刺激位置）が視野中心から離れるほど，錯視を起こす最適刺激サイズが大きくなり，これがサルで調べたMT野ニューロンの受容野サイズと合っている．*Vision Research*, **41**(2), Ikuya Murakami, Patrick Cavanagh, "Visual jitter: evidence for visual-motion-based compensation of retinal slip due to small eye movements", 173 ～ 186, Copyright (2001) よりElsevierの許可を得て転載.

のです。偏心度が大きくなる、つまり視野周辺になるに従って、このジター錯視を起こすための最適刺激サイズが大きくなければならない、という関係になります。

先ほどの第一の実験で、このような形式で行った視覚心理実験のデータがサルのMT野ニューロンの受容野サイズと合っているという話をしましたが、この錯視に関しても、実はよく合っていることがわかりました。というのは、真ん中辺りに「MT」と付記して描かれているのがサルのMT野ニューロンの受容野サイズの報告例なのですが、偏心度が大きくなるに従って受容野のサイズが大きくなると報告されています。その三本の報告データに、筆者らの実験データは、かなりよく合っています。ほかの視覚領野の報告データでは合いませんでした。サイズが合う、ということの意味を要約すると、筆者らの用いた視覚刺激での同心円領域のうちの静止ノイズがある中心部のサイズが、MT野ニューロンの中心周辺拮抗型受容野のうちの受容野中心部のサイズに合致しているときに、錯視としては最適な刺激のサイズとなり、きちんと錯視が起こっていることがわかりました。

言い方を変えると、MT野ニューロンの受容野というのは視野の中心から離れるに従ってだんだん大きくなるのですが、それに合うように適切に刺激サイズをスケールしていけば、きちんとした錯視量がどこでも得られるということです。ジター錯視には偏心度ごとに最適刺激サイズがあって、その偏心度依存性はMT野ニューロンの受容野サイズが偏心度に従って大きくなっていくという依存性と類似していたというわけです。

ここまでは二〇〇一年の段階でわかったことなのですが、ちょうどそのころだんだん機能的MRIの技術を私たち心理学者がきちんと時間をとって使えるようになってきたので、生きて、起きて、活動して、課題を遂行している人間のMT野がどういう挙動を示すのかということを測定してみたところ、画像では揺れていないけれども、ジター錯視として揺れて感じているという、動き

図２・11　「蛇の回転」と名づけられた錯視デザイン作品　静止図形なのだが，動いて見える．© 2007 北岡 明佳

の知覚を意識体験している際に、その人のＭＴ野が活性化をしているという証拠も、マサチューセッツ総合病院の佐々木由香氏らとハーバード大学との共同研究の成果として出しました。

結局のところ、固視微動があることによって網膜像が揺れているのですが、脳の機能で揺れは見えない。運動方向に関する中心周辺拮抗型受容野をもつニューロンがあり、その受容野特性が安定視野の実現の過程に必要であるということでした。

固視微動が見せる「蛇の回転」錯視

錯覚図形にまつわる実験心理学的な研究の成果をご紹介します。立命館大学の北岡明佳教授が錯視デザイン作品というのを何百枚も創作されています。そのうちの一つが図2・11で、「蛇の回転」と名づけられています。静止画であるにもかかわらず、心の中で動いて見える。物の動きを解明することを専門とする研究者としては解明しないといけないということで、北岡教授、京都大学の蘆田 宏准教授、東北大学の栗木一郎准教授と共に研究をしてきました。

特殊な輝度空間パターンを周辺観察することにより、静止図形が出ているにもかかわらず、心の中で動いて見えます。網膜像には静止はありえないので、常に動いています。それはもちろんふだんは意識しませんが。この網膜像の揺れが原動力になって錯覚の強さというのが出てくるのかもしれません。もしそうだとすれば、錯覚が起こる強さは観察時の眼球運動の大きさと関係があるのかもしれません。そう話し合って実際に実測をした結果が、次にお話しする内容です。

局所的な光強度の空間パターンが重要です。ブラック、ダークグレー、ホワイト、ライトグレーというふうな四種類の光強度の連なりを左から右へと順番に配置すると、なぜか右方向に動いて見える錯覚が生じるようになっています。このような関係で、デザイン作品としては「蛇の回転」なのですが、三角関数を使い、ブラック、ダークグレー、ホワイト、ライトグレーという無限に続くような周期関数として画像を実現することができます。

それを画面上で円を描くようにコンピューターグラフィックス（CG）で描画して提示すれば、静止図形なのに、ゆっくりと滑らかに回って見えます。この画像の優れた点は、CGなので、画像

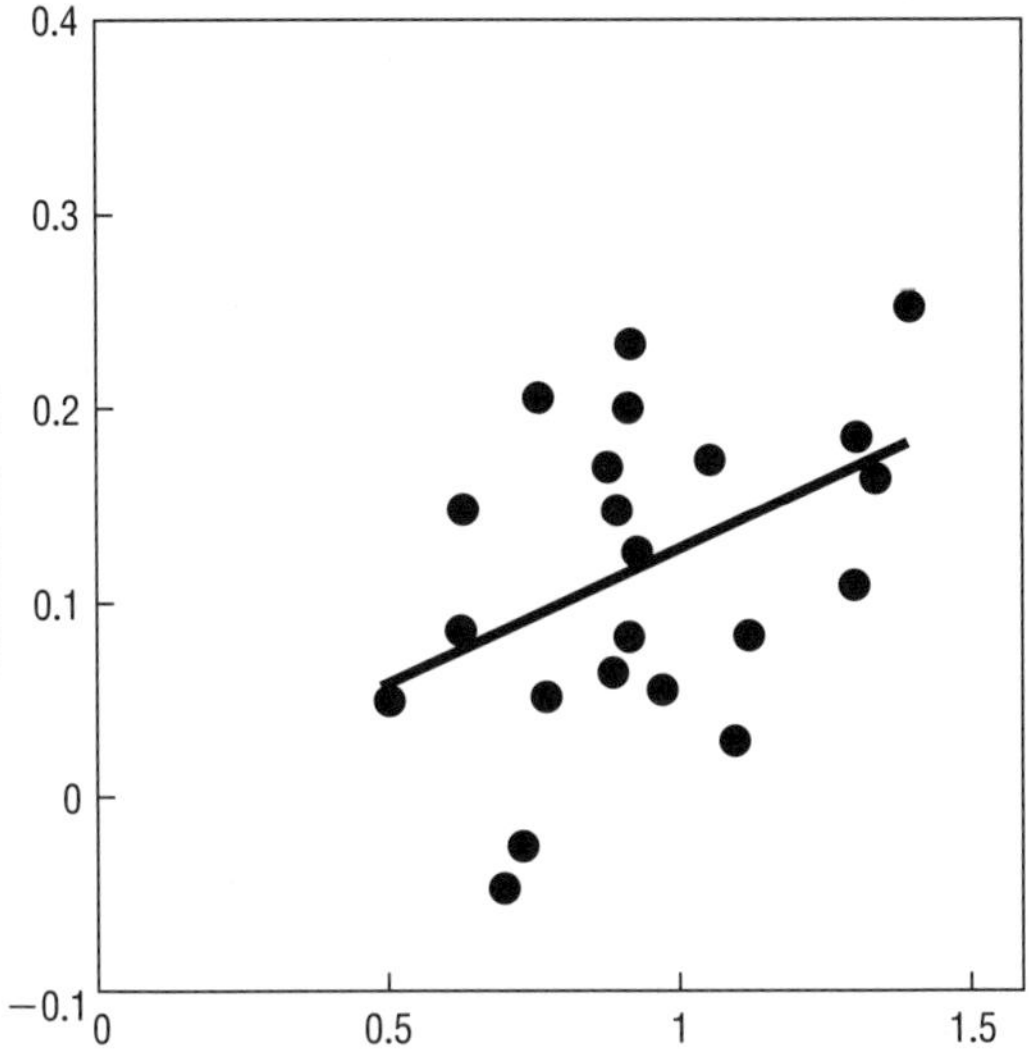

図2・12　固視微動量と相殺速度　縦軸は，錯視をちょうど相殺する実際の運動速度をもって定量した錯視量．横軸は，観察者の固視微動の大きさを，眼球運動の瞬間速度の標準偏差をもって表したもの．固視微動量が大きい人ほど，錯視量が大きいという相関関係がある．*Vision Research*, **46**(15), Ikuya Murakami, Akiyoshi Kitaoka, Hiroshi Ashida, "A positive correlation between fixation instability and the strength of illusory motion in a static display", 2421 ～ 2431, Copyright (2006) より Elsevier の許可を得て転載.

を物理的に逆方向に回すことができることです。錯覚をちょうど相殺するような形で実際の運動を起こすことができて、その相殺速度を測定することによって錯視を定量することができるという関係になっています。その測定を一生懸命やっている間の実験参加者の眼の動きを、眼球運動測定装置で記録します。円形刺激の真ん中に提示した固視点を凝視していてもらいますが、眼には固視微動があります。そうしてガチャガチャ眼が動いている瞬間速度の標準偏差をとって、図2・12のように、固視微動量と定義して横軸にとります。右に行けば行くほど眼の動きが大きいことになります。縦軸は相殺速度として定量した錯視量なので、上に行けば行くほど錯視量が大きいことになります。一点一点は、一人一人の実験参加者です。二二名の実験参加者の、実験参加者間散布図ということになります。これを見ると、右上がりの相関関係が見られるのがわかります。これによって、固視微動量が大きい人ほど錯視量も大きいという仮説は検証されたことになります。

しかし、錯視量が大きいから固視微動量が大きくなるのではないかとか、錯視量が大きく、かつ固視微動量が大きいというのはそれらを同時にもたらす隠れた第三の媒介変数によるのではないかとか、そういう反論が出てくることもあります。

それで、一人の実験参加者に何回も何回も繰返し同じ実験をしてもらいました。変えたことは、今度は画面上で図形を揺らしたことです。固視微動になぞらえて、ランダムな方向にガチャガチャと揺らします。固視微動様の揺れの量を横軸にとってみると、画面上で本当に揺れている量を人工的に変えると錯覚の量も強くなりました。網膜像の揺れ量を大きくするほど錯視量も大きくなるという因果関係が得られたのです。

逆に、網膜像が揺れないとどうなるのかの実験も行いました。静止網膜像を出す一番手軽なテクニックは残像です。完全暗黒を実現できる部屋の壁に「蛇の回転」の錯視図形を貼っておきます。暗闇の中で、いきなりカメラのフラッシュをたきます。そうすると、この「蛇の回転」の画像が網膜に焼きついて、数秒間見えていますが、残像ですので、眼がいくら揺れ動いても網膜上では揺れはありえないということになります。そこで錯覚が生じたかどうか実験参加者に聞くと、まったく生じないという報告を得ています。

このようにして、網膜像の揺れが「蛇の回転」の原動力になっているらしいということがわかりました。先程のモデルに立ち返ってみると、網膜像において相対運動がないと動きとしては意識にのぼらないようにできているのですが、相対運動があると、眼の動きに由来するとは解釈できないため、その落とし前をつけるために、それを物の動きだとして知覚にのぼらせないといけません。今回用いた「蛇の回転」の錯視図形は、固視微動に伴って網膜上では像が揺れているわけですが、先程説明した光強度の連なりが描かれているために、特定の方向が強調される。そこで、うまく細工をして、ある場所ではある方向に、別の場所では別の方向の動きが強調されるようにつくってあるわけですから、それを見ている人の心の中には、人工的に相対運動が山のようにできてしまいます。もともとは網膜像の揺れなのにもかかわらず、心の中で相対運動になってしまっているので、回っていると解釈せざるをえない状況に落とし込んでしまい、「蛇の回転」錯視が起こっているのだという解釈になります。

この実験に関し、二〇〇八年に機能的MRIで、「蛇の回転」錯視を知覚しているときには、そうでないときに比べてヒトMT野が活性化しているという証拠も、共同研究の成果として得ています。結局、全部、相対運動関係のパフォーマンスが発揮されるときにはMT野が活性化するという関係があるということになります。

静止画に感じる「蛇の回転」錯視という見かけ上の運動は、固視微動に伴う網膜像の揺れに由来するものなのであって、それが運動方向に関する中心周辺拮抗型受容野というシステムの計算過程を経ることで、最終的に回転運動の知覚として意識に生じるのだという説明が可能だということになります。

5　錯覚を利用する

歩行者用通路の錯視シート

視覚のメカニズムが解明されるとうれしいのですが、私ども基礎研究に従事する者は、それと社会とをリンクすることを考えています。自分の使っているツールであったり、自分のもっている専門知識だったりを使って人の能力がアップするとよいと、いつも思っています。

そんな思いで考えたのが、「蛇の回転」錯視のメカニズムを利用した「歩行者用通路の錯視シート」

です（図2・13）。駅の階段の上りとか下りは、「上り下り」と書かれていてもなかなか守る人がいません。そんな階段にこの正方形のカーペットのような物を敷き詰めますと、錯視によって進行方向が直観的に動いて見えますから、ゆっくり動いて見えるのに従って歩いていけばいいというアイディアです。

運動の対比を用いた視力向上

先程のは基礎研究を技術応用につなげるという試みでしたが、基礎研究の枠組みの中で、錯覚を利用して能力を向上させる本質的なアイディアとして、運動の対比の現象を用いて、ある種の視力が向上できないかという実験を試みました。これは当時の指導学生だった竹村浩昌氏との共同研究です。

図2・14のように画面上に同心円領域の図形を用意しました。実際は中心部にも周辺部にも縞模様が提示されていましたが、その縞模様の運動方向の模式図だと思ってください。図（a）では、中心部は止まっています。周辺部が下方向に動くと、中心部は上方向に動いて見えます。これは運動の対比現象の錯覚です。図（c）は、中心部には右方向に動く物理的な運動があって、周辺部に下方向の運動があります。そうすると中心部には上方向の運動の対比が起こりますが、右方向に動く物理的な運動と統合して、斜め右上方向に動いて見えます。そして、図（b）のように、物理的

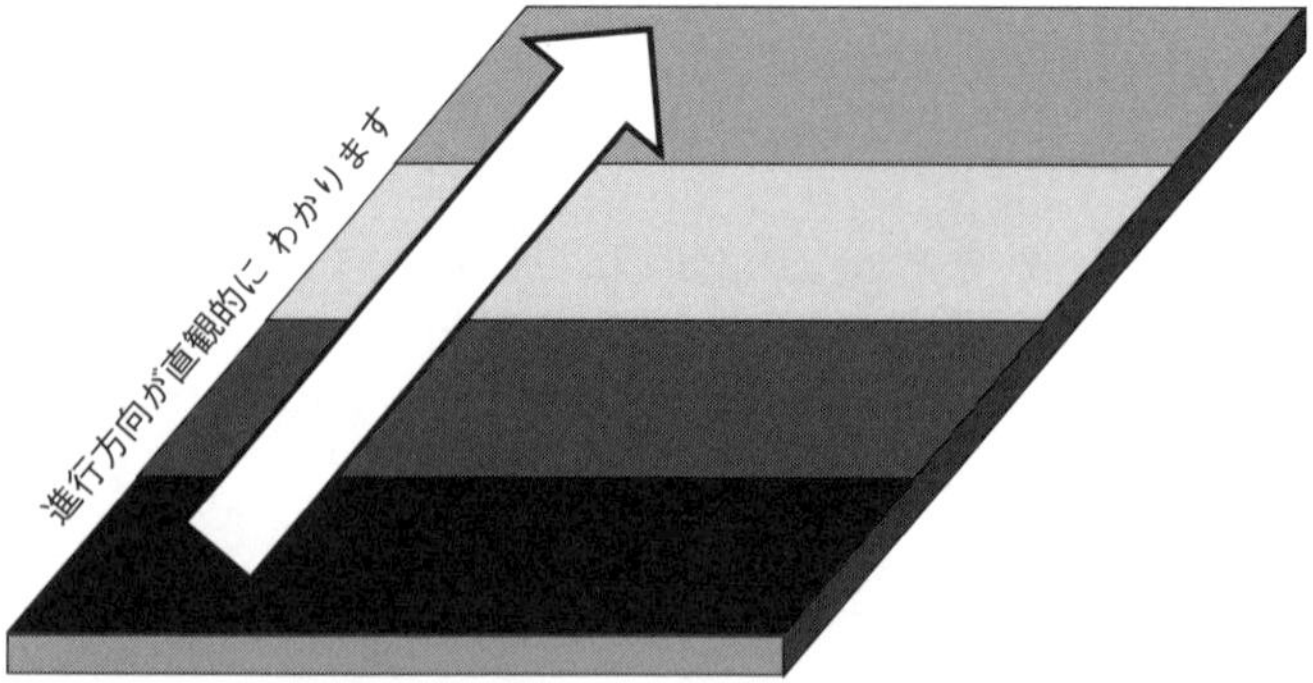

図 2・13 歩行者用通路の錯視シート （村上郁也 特許公開 2006-2431, 登録 4159518 平 20.7.25） 錯視によって進行方向が直観的にわかる．

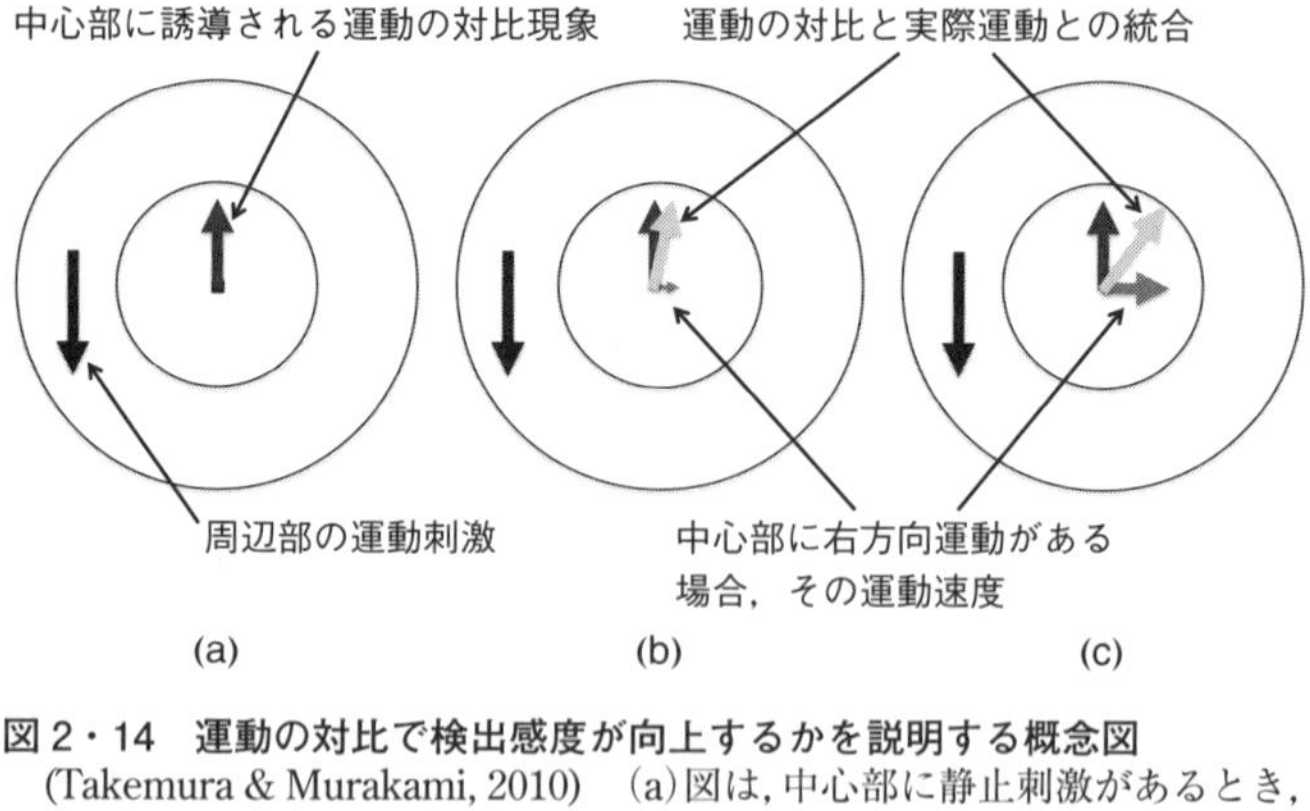

図 2・14 運動の対比で検出感度が向上するかを説明する概念図 (Takemura & Murakami, 2010) （a）図は，中心部に静止刺激があるとき，周辺部に下方向の運動を提示することによって，中心部が上方向に動いて見えるという運動の対比の現象を模式図にしたもの．（c）図のように，中心部に右方向に動いている物理的な運動があると，運動の対比が上方向に起こるのと統合された結果，中心部は右上に動いているように見える．（b）図のように，中心部で右方向に動いている運動の速度が小さくても，錯覚との統合で右上に動いているように見えるとすれば，小さな右向きの運動は錯覚の存在のおかげで検出しやすくなる可能性がある．

な運動が右方向に動いてはいるが、弱過ぎる場合、運動の対比が真上方向に起こることによって、それとの統合で斜め方向に動いて見えるかもしれない。そのとき、本来右か左かを判定するには遅過ぎるような物理的な運動があるのにもかかわらず、運動の対比と組合わされることによって方向弁別感度が向上するかもしれないという状況を作り出してみました。

中心部には、右か左に動く縞模様を提示します。周辺部には、上か下に動く縞模様を提示します。周辺刺激の役割は下か上の方向に運動の対比という錯覚を中心部に起こすことです（注６）。

中心部の右か左の運動が見えるかどうか、ぎりぎりの遅い速度でどうなるのかということに興味をもって実験をしました。運動が見えるか見えないかギリギリのところに調整しておいて、運動の対比の錯視を起こしたときに中心部の左右方向の判断が向上するか、言ってみれば視力がアップするかを実験してみました。縦軸は、中心部に提示されている運動が右か、左かの二者択一で答えてもらうときの正答率なので、当てずっぽうで答えた際に偶然正解となるチャンスレベルは〇・五。まず、周辺部を動かさない条件で、中心部の運動刺激を〇・〇二五ヘルツ、つまり縞模様が一周期分ずれるまでに四〇秒かかるという遅い速度に設定すると、それでもチャンスレベルより高い正答率になるので少しはわかる、しかし一〇〇パーセントの確率でわかるわけではない。それに対して

（注６）http://jov.arvojournals.org/data/Journals/JOV/932794/jov-10-2-9_movie1.mov

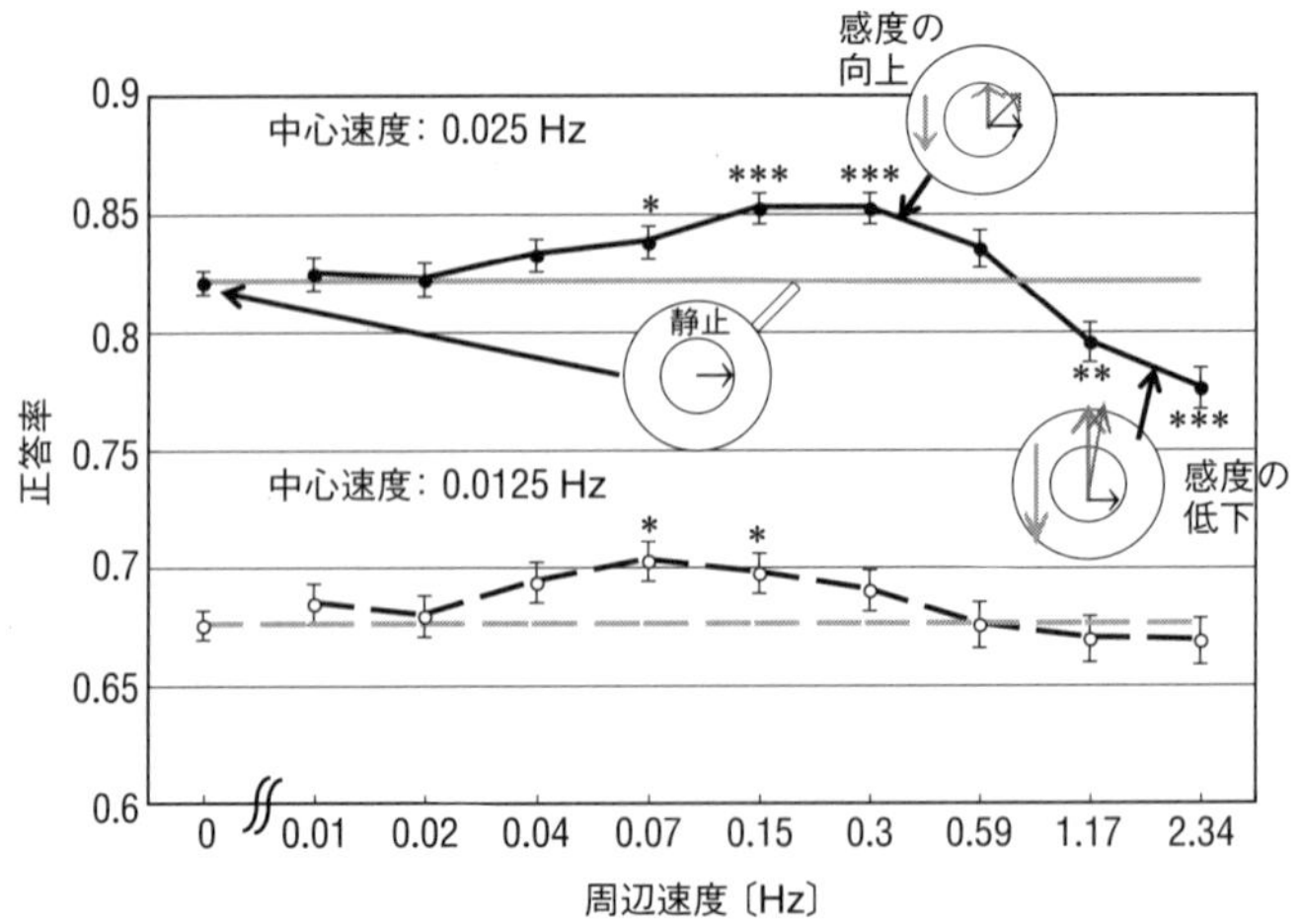

図2・15　運動の対比で検出感度向上　適切な強さで縦方向の動きが運動の対比現象として生じると，横方向の運動に対する検出感度が向上した．Copyright Clearance Center, Inc. を通して Association for Research in Vision and Ophthalmology の許可を得て “Visual motion detection sensitivity is enhanced by orthogonal induced motion”, Hiromasa Takemura, Ikuya Murakami, *Journal of Vision*, 10(2):9, Copyright (2010) より転載.

周辺部に速い運動を与えて、中心部に上ないし下方向の運動の対比を甚だしく起こしてしまうと、中心部の左右判断はむしろしにくくなる。ところが、周辺部の運動を遅くして、運動の対比がマイルドに生じるようにすると、運動の検出感度がかえって向上する。別の中心速度に設定して追試しても図2・15のように同じ効果を見いだすことができました。

　これはよく考えてみると不思議です。運動の対比は上下に起こっているわけです。解くべき課題は左右の判断なので、縦と横で直交しているわけです。それでも起こる。ではなぜこの促進効果が起こるのかの理由として、心の中で物の動きが表現されている図面のようなものがあると考えてみます。横軸は左右方向を表し、縦軸は上下方向を表し、原点は静止、原点から遠いほど速度が速いことを表す、そのような表現。で、生物である私たちの視覚系には、必ず検出限界がある。とても遅い速度の運動を提示すると、止まっているのか動いているのかを判別する検出限界以下になってしまうのでわかりません。また、運動の対比を華々しく出してしまうと、中心部はもちろん動いて見えるのだけれど、どちらもほぼ真上に動いているという意識体験しかできなくて、真上に比べて左に傾いているのか右に傾いているのか方向の弁別をするための検出限界の中に埋もれてしまう。そこで、対比をマイルドに起こしてやれば、十分な速さで斜めに動いているという表象になり、それがたとえば一時の方向なのか、一時の方向なのかを答えればよいので、どちらの検出限界からも逃れることができる。左右判断に対して上下方向の錯視が影響するということは、一見無関係で、課題を解くのには全然必要でないような錯覚が存在するにもかかわらず、対象が判別しやすくなるというので、「能力アップができました」ということになります。これは一般的にいろいろな感覚属性で追試というか拡張することができると思いますので、今やっているところです。

すべては錯覚かも知れない

最後に、もしかすると今この瞬間に知覚体験をしている体験そのものが、錯覚そのものなのでは

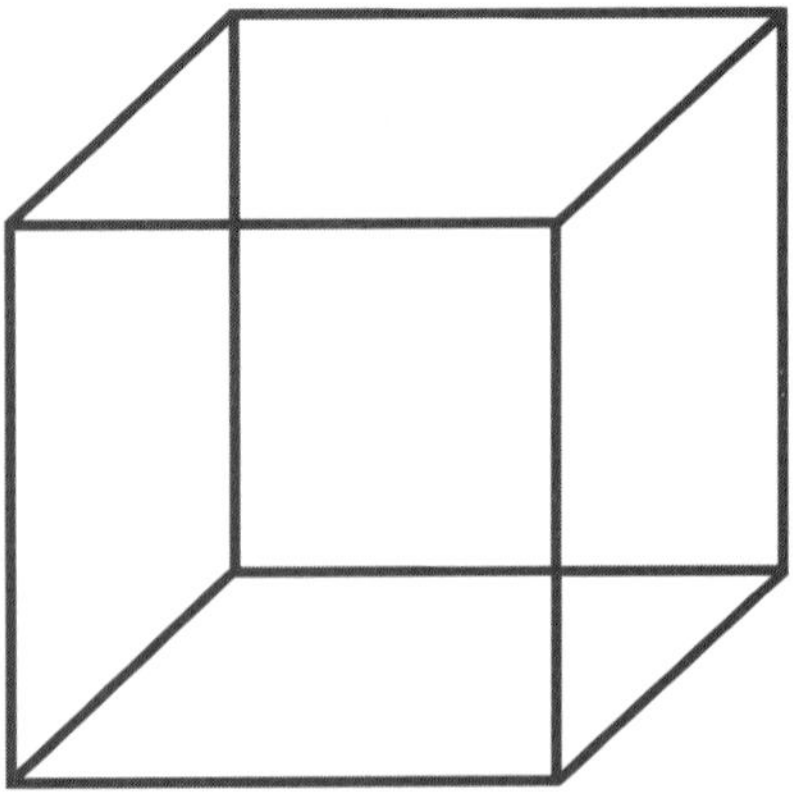

図2・16　ネッカーの立方体　平面の網膜像から立体を構成して世界を把握する例．左下の正方形が手前であるような立方体に見えたり，右上の正方形が手前であるような立方体に見えたりする．

ないかということをお話しします。

最初に取上げた図2・2の「ペンローズの三角形」、ありえない構造なのに立体に見えるからおもしろい。しかし、そもそも、どうして立体に見えないといけないのでしょうか。

紙面は二次元です。二次元なので、物理的に正しいものを知覚しないといけないならば、平面に見えないといけないですね。同様に、図2・16の「ネッカーの立方体」はそもそもどうして立体に見えるのかという話になります。これは多義図形だからおもしろいと言うけれども、その図形が描かれているのは紙面なので平面なのに、図形がどうして立体に見えないといけないのか。

私たちが世界を把握するというとき、結局、平面の網膜像から立体を構成しないといけないので、解が不定になってしまうのです。三個の未知数を解くために二個の独立の方程式があるだけでは、数学的には不定になります。ですが、生きて生活して生き残るためには、解けない問題を無理に解いている。一意に選べないはずの解をなぜか一個にしぼって、それを意識にのぼらせている。その様子を浮き彫りにするのが錯覚現象なのだという話になります。

正解が何なのかが数学的に本来定まらないときに、それでも何かを選びとらないといけないといったときに、一度そうであるように思いを定め、思い込んだら思い続ける、それこそが私たちの認識の本質なのでしょう。真実が何なのかが不明でも、何か特定の思い込みをし続ける、それを錯覚とよぶのなら、もしかしたら私たちの、生きて、起きて、生活しているすべての意識体験が錯覚なのかもしれません。でもそのこと自体は、全然悪くない。この世界を生き抜くために必要で、子孫を残すために必要であるような、特定の世界観を選びとってもち続けてきたからこそ、私たちは絶滅を逃れて繁栄しているのだから、錯覚するのも悪くない。と、むりやり結論が出たところで、筆を置きたいと思います。

第3章　量子人工脳

山本喜久

1　はじめに

世界第四位の日本のスーパーコンピューター「京（けい）」は、一秒間に一京回の計算を行うことができます。そこまでコンピューターが進歩しているのだから何でも計算できると思われるかもしれませんが、実はそうでもありません。現在のコンピューターが苦手とする問題もあります。

一つの例を考えてみましょう。セールスマンが都市を巡回するときに、最短距離で回れる経路を計算する問題があります。これは、**組合わせ最適化問題**の一つですが、訪問する都市の数が少なければ難しい問題ではありません。五都市を回る場合は、どれかの都市から出発するので五回の計算が必要になります。その次に訪問する都市は残り四都市のうちのどれかですから、四回の計算が必要になります。このように考えると、五回、四回、三回、二回を掛けた一二〇回の計算が必要になります。このぐらいの計算は筆算でできますし、パソコンなら簡単に計算できます。都市の数が増えても、京のようなスーパーコンピューターを使えば計算できないはずはないと思われるかもしれません。ところが、そうでもありません。

六都市を回るとすると、一二〇回に六を掛けた七二〇回の計算が必要になります。二〇都市になると、二・四三掛ける一〇の一八乗回の計算が必要になります。スーパーコンピューター京は一秒間に一京回（一〇の一六乗回）の計算ができるので、約二四三秒で計算できます。二一都市になると、約二四三秒の計算を二一回やらなければならないので、約五一〇〇秒かかります。三〇都市になると、二・六五掛ける一〇の一六乗秒かかることになり、これは約八・四億年（一〇の八乗年）なので、計算できません。

セールスマンの巡回であれば、三〇都市も回ることは少ないし、そんな計算をしなくても最適に近い順番で回ることはできるでしょう。しかし、同様の組合わせ最適化問題は、生命科学におけるタンパク質折りたたみ、創薬における分子設計、無線通信の周波数・計算機リソース割り当ての計算というものなどがあります。計算のやり方を工夫すれば数千の組合わせまでなら、現在のスーパーコンピューターでも計算できますが、それ以上の数の組合わせになると、完全な解の計算はできませんので、その計算ができたらメリットはとても大きいでしょう。

この組合わせ最適化問題を解くのが得意なコンピューターとして注目されているのが本章で取上げる新しい量子コンピューター、**コヒーレントコンピューター**です。さまざまなタイプの量子コンピューターが開発されていますが、コヒーレントコンピューターでは**光パルス**を使います。光ケーブルのループに光パルスを計算に必要な数だけ入れます。そのための入り口を光ケーブルのループに作っておきます。光パルスはループをぐるぐる回りますが、ループの途中に光パルスを増幅するところをつくっておいて、光パルスの強さをだんだん強くしていきます。光パルスが全体としてある強さになると、共鳴を起こしてパラメトリック発振します。その状態が答えになります。ループの中の光パルスは、発振する前は、1でもあり0でもあるという量子状態をとっています。現在のコンピューターでは最初から1か0しかとれない量、たとえば電圧が何ボルト以下と何ボルト以上とか、をビットとして使って計算しますが、量子コンピューターでは答えが出るまでは、1でもあり0でもあるという状態をとる光パルスを**量子ビット**として使います。

三〇都市の例では、それぞれの都市に第一番都市から第三〇番都市という名前をつけます。i番目に第j番都市を訪れるとします。iは一から三〇まで、jも一から三〇までありますから、三〇掛ける三〇で九〇〇個の光パルスを使います。これを$\{i, j\}$と表現します。都市間の距離情報などの条件を九〇〇個の光パルス同士を相互作用させる情報としてコヒーレントコンピューターに入れます。それから光パルスを強くしてゆくとあるところでパラメトリック発振が起こります。こうなると光パルスの量子ビットは1か0として読み出せます。九〇〇個の量子ビットのうち三〇個の量子ビット$\{i, j\}$が1になっているはずであり、これが答えでi番目に第j番都市を訪れることを表しています。

解きたい問題の答えがぱっと出てくる、急激に変化して解が自然に出てくるような量子力学的物理現象を利用して、計算結果を短時間で得るのがコヒーレントコンピューターです。現在のスーパーコンピューターを、量子力学を使って高速化するものではありませんし、量子ビットが1と0の両方の値をとるのでたくさんの情報量を表現できるから高速計算ができるのでもありません。

コヒーレントコンピューターを使って最適化問題を解く時間は、問題の規模によって大きく変わることはありません。その代わり使える量子ビットの数で解ける問題の規模が決まります。具体的には光ケーブルのループに何個の光パルスを入れることができるかで決まります。

コヒーレントコンピューターは組合わせ最適化問題を解くことに特化していますので、そのほかの計算を受け持つ高性能パソコンなどに接続して使います。創薬企業や通信企業、大学や研究所などで使われることが期待されています。

コヒーレントコンピューターでは、答えがぱっと出てきます。このぱっと答えが出てくることが、人間の脳の働きに似ているので、次には**脳型コンピューター**ができるのではないかという期待もあります。答えがぱっと出てくる時の特別な状態とｆＭＲＩ（機能的磁気共鳴画像法）で脳を計測した状態とが似ているので、そのような可能性があるといわれています。

コヒーレントコンピューター以外にも極低温の超伝導現象を使うものが開発され、グーグルにも納入されていますが、なかなか期待通りに動くところまでには至っていません。それ以前にも、素因数分解が得意な量子コンピューターや、量子ビットを現在のコンピューターのようにゲートでつなぎ合わせた量子コンピューターが研究されてきましたが、それらについては割愛しました。

量子コンピューターでは、問題を量子力学の関数として表現し、その関数を量子力学的な物理現

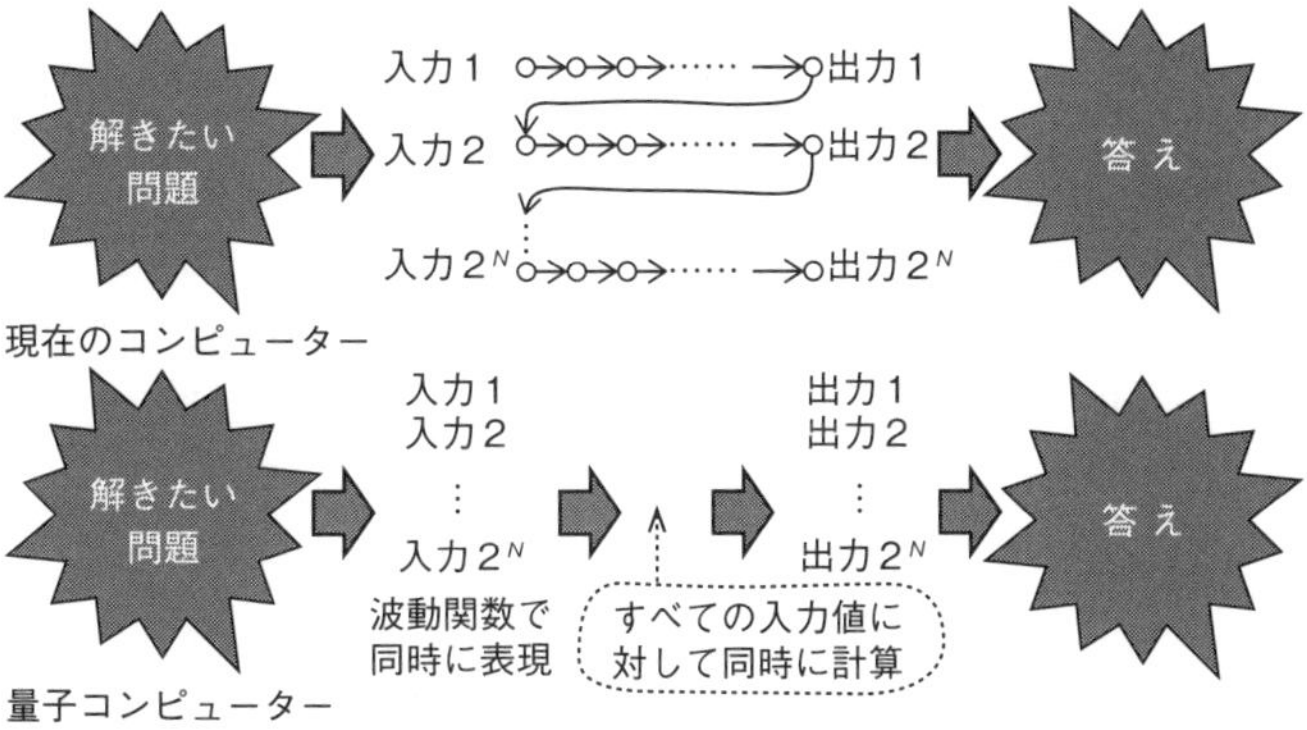

図３・１　現在のコンピューターと量子コンピューターの概念的比較

象に写像して問題を解きます。現在のコンピューターとの概念的な違いを表したものが図３・１です。

2　日本のコンピューター開発前史

日本で最初に実用化されたディジタルコンピューターには、パラメトロンコンピューターという名前がついています。フェライトコアに三個の入力と一個の出力を巻きつけたパラメトリック発振器を使って古典的なディジタル回路を構成するというアイデアから生まれました。パラメトロンコンピューターが発明されたのは一九五四年で、発明者である後藤英一（1931～2005）は当時東京大学の大学院生でした。彼の指導教官であった高橋秀俊（1915～1985）は日本を代表する理論物理学者で、レーザー量子論や非古典的な光の状態の量子論などを扱う量子光学という分野を切り開いた創始者の一人です。残念ながら、二人とも亡くなりましたけれど、パラメトロンコンピューターは日本が最初に開発した日本独自の技術の一つです。

パラメトロンコンピューターは東京大学で三世代にわたって開発され、理学部や工学部などのコミュニティーで広く科学技術計算に使われただけでなく、NTT、日立、NEC、富士通、三菱電機など日本を代表するメーカーでも数世代にわたって開発が行われました。その後の歴史は、ご存じのように、米国で発明されたトランジスタ回路を用いたディジタルコンピューターが、一九五〇年代にはすでに一メガヘルツのクロック周波数で動作していたのに対し、パラメトロンコンピューターは一〇キロヘルツでしか動作しない非常に遅いコンピューターで、消費電力も大きいため、姿を消す運命にありました。

量子人工脳をつくるというわれわれの試みは六〇年後に日本が仕掛けたリターンマッチという側面もあります。電気を光に変え、古典的なディジタル論理回路を量子発振器ネットワークに変え、さらに相転移臨界計算という新しいコンセプトを導入して、トランジスタをベースにした現代のディジタルコンピューターに対して再度挑戦するものであります。

3　現在のコンピューターで解けない組合わせ最適化問題

現在、私たちが使っているディジタルコンピューターは**チューリングマシン**とよばれます。このコンピューターは、CMOSゲート（一〇五ページ、コラム参照）に蓄えられている電子の数によって、ゼロボルトという電圧を出すか、一ボルトという電圧を出すかの二値の値しかとりません。CMOSゲートに蓄えられている電子は、こちらのゲートにいてあちらのゲートにはいないというように、すべての情報はローカルな励起で表されています。このような計算機が効率よく解くことができる問題はクラスP（polynomial、多項式）といわれ、**多項式時間**（問題サイズのべき乗の時間）で解けるような問題です。かけ算、たし算、素数判定などは今の計算機が得意とするものです。

私たちが遭遇するさまざまな問題は、すべて多項式時間で解けるわけではなく、これまでのコンピューターでは有限の時間内に解くことができない問題があります。たとえば多数の都市を最短距離で訪問するという、**巡回セールスマン問題**を正確に解くことは現実的には不可能なのです。このような問題を**組合わせ最適化問題**といいます。この組合わせ最適化問題というのは現代社会のさまざまな分野で現れる重要な問題です。先に述べた例以外にも、電力ネットワークなどの動的グラフの最適化、マイクロプロセッサーの回路設計、機械学習における画像認識や音声認識、ソーシャル

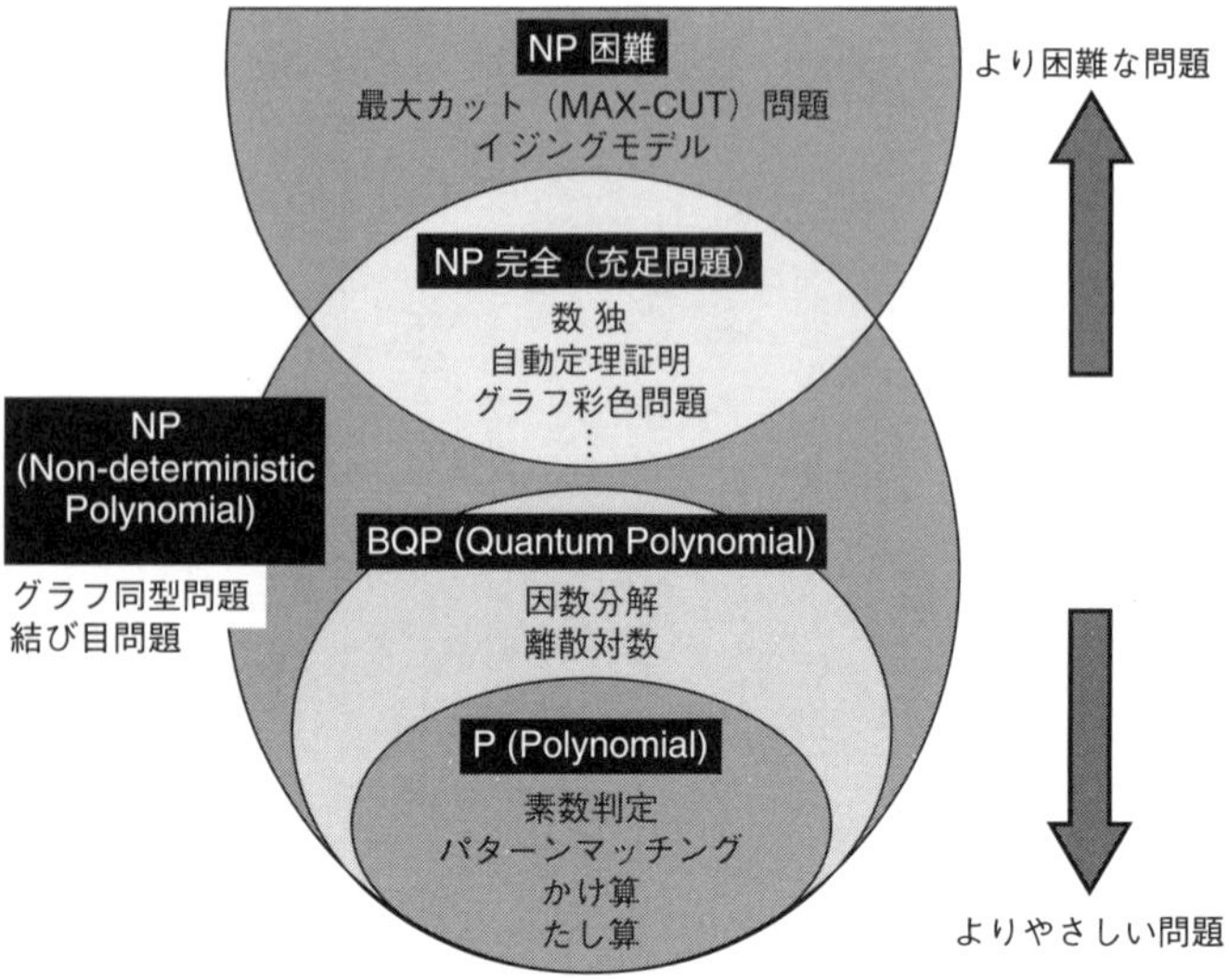

図３・２　計算量理論による問題の難易度の分類　NP，NP 完全，NP 困難クラスの問題に対しては，現代のコンピューターや（従来型）量子コンピューターでは，計算時間の指数発散を抑えられない．

ネットワークにおけるページランキングなど、これらすべてがこの組合わせ最適化問題に属します。

しかし、この組合わせ最適化問題は計算量理論でいうところの**NP困難**とかNP完全のクラスに属していて（図３・２）、これを効率的に解く古典的なアルゴリズムも量子アルゴリズムも残念ながら見つかっていません。この種の問題は、現在のディジタルコンピューターを使っても、将来の量子コンピューターでも効率よく解けないというジレンマがあります。

現在の計算機は不得意だけれど量子コンピューターができれば解けるような問題クラスはＢＱＰ（boundederror quantum polynomial）とよばれ、因数分解をさせる問題はこのクラスに属します。この外側に、ＮＰ（non-deterministic polynomial）、ＮＰ完全、ＮＰ困難という問題があります（図３・２）。**ＮＰ問題**というのは、非決定的なチューリングマシンが開発されたら多項式時間で解けるような問題のことをいいます。ただし、その非決定性チューリングマシンをどうしたら作ることができるかということは、まだ誰も知りません。運よくそうした計算機が開発されたと考えると、結び目問題やグラフ同型問題などが多項式時間で解けるようになります。

ＮＰ完全問題はＮＰ問題よりもさらに難しい問題で、数独などはこの分野に属します。解くのはすごく難しいのですが、答えがわかればそれが正しい解かどうかはすぐに判定できます。このように、ＮＰ完全問題には検算が容易だという特徴があります。

ＮＰ困難問題というのは、解くのも難しいし、得られた解が正しいかどうかという検算も難しいという、二重の困難がある問題です。

改めて、私たちが自ら問うてみたことは、組合わせ最適化問題が解けないのは、現在のコンピューターおよび将来の量子コンピューターのどこに欠点があるからだろうか、ということでした。

組合わせ最適化問題を解くうえで、現在のコンピューターに欠けている最も重要な機能は、コンピューター全体に広がったコヒーレント波動関数を用いて行われる、振幅と位相という二つの自由度をもった複素数による並列計算を行うことができないということです。これまで開発されてきた量子ゲートモデルによる量子コンピューターでも、解きたい組合わせ最適化問題であるNP、NP完全、NP困難といった問題に対して、問題サイズが大きくなると、計算時間が指数発散するため、結果的に役に立たないという現状があります。

現在のコンピューターを使う古典アニーリングは、焼きなまし法とかシミュレーティドアニーリングともいわれ、三〇年以上も前に提案された手法ですが、非常に優れたものであり、限定された問題サイズでは最適化問題を解くことができ、世界中で広く使われています。

N個のスピンがあるとき、一番目のスピンがアップかダウンかというのを独立してとると、全部で2^N個の解の候補があります。それぞれの解の候補は固有エネルギーをもっていて、その固有エネルギーをプロットしたものはエネルギーランドスケープといわれています。この固有エネルギーの最も低い基底状態が求める解になります。系の温度が高いところからスタートし、ゆっくり冷やしていくと、準安定状態にトラップされているものが熱的に励起され、局所安定からの脱出を繰返しながら、基底状態を探していきます。焼きなまし法という言葉のとおり、ゆっくり冷やしさえすれば解は捕まるというのが、シミュレーティドアニーリングの考え方です。しかしながら、この方法においても計算規模の大きい問題を解くことはできないのでした。

これらの組合わせ最適化問題というのは、物理でいう**イジングモデル**(注1)というものに多項式リソースでマッピングすることができます。そうなると、このイジングモデルさえ効率よく解ければ、さまざまな組合わせ最適化問題がすべて効率よく解けるという仕掛けになっています。

最近、カナダのD-Wave社が開発した量子アニーリングマシンであるD-Wave One、つづいて開発されたD-Wave Twoには、イジングモデルと量子アニーリングの原理が使われています。量子アニーリングの場合は、スピンに横磁場をかけて強制的に回転させれば、ポテンシャル障壁があっても、量子力学的なトンネリングで障壁を克服することができますので、トンネリングの大きさをゆっくりと小さくして、トンネリングを何度も繰返すことによって、基底状態が捕まるという仕掛けになっています。現状では超伝導回路を用いた量子ビットの実効的な演算を行えるコヒーレンス時間が一〇〇マイクロ秒（10^{-4}秒）まで伸びていますが、さらにこの時間を長くできるようになると実用の方向が見えるのですが、容易なことではありません。

（注1）イジングモデルというのは、強磁性体の状態解析のために研究されたが、液体や固体の状態を、隣り合った原子の相互作用のみの集合として表し、全体の系を計算することで、液体や固体の状態を記述することができ、相転移が起こりうることを示し、相転移近傍での特性解析に有効であることが確認された。イジングモデルの名は、このモデルを発表したドイツの物理学者エルンスト・イジング（Ernst Ising 1900 ~ 1998）の名前に因んでいる。（九五ページ、コラム参照）

4 臨界点における計算

イジングモデルというのは、物性物理でよく使われる磁性体やスピングラス（磁性原子が無秩序に分散して固まったもの）などの基本モデルです。物質系が一次元や二次元の場合は解析解が求められますが、三次元になるとNP困難問題となり、どんなに速い計算機を使っても解けなくなることが知られています。

イジングマシンを用いることによってさまざまな組合わせ最適化問題が効率よく解けると説明しましたが、このことを物理的に理解するために臨界点における現象の説明とそれによって可能になる計算について説明します。ここで臨界点というのは、**相転移の臨界点**のことです。水は０℃以下で氷になり、一〇〇℃以上で水蒸気になります。同じ物質であるにもかかわらず、ある温度をまたぐと劇的に物質の性質が変わることを相転移といいます。相転移が起こる温度を転移温度、あるいは転移点とよびます。

図３・３は磁石（強磁性体）の相転移を表しています。磁石というのはいつでも磁石になるというわけではなく、ある相転移点よりも温度が低いときに磁石になります。図の中で、白い点は磁石を構成している電子スピンが上向き、黒い点は下向きになっていることを示しています。温度が転移点よりも高い場合（c）は、熱的なゆらぎによって各スピンが上を向いたり下を向いたりしてラ

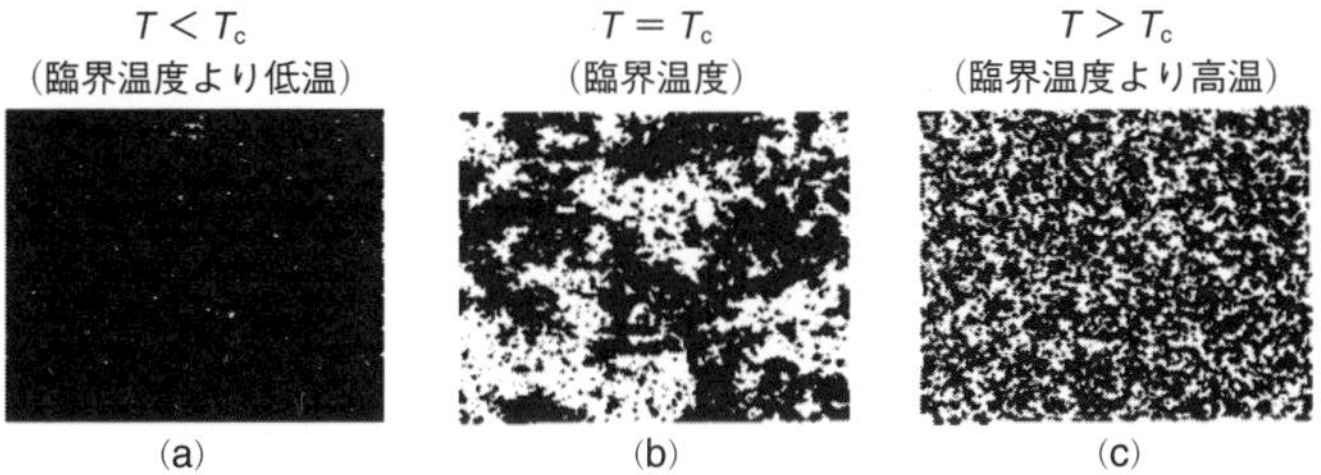

図3・3　磁石の相転移を表す（二次元）イジングモデルの数値シミュレーション結果　(c) 臨界温度より高温側（$T>T_c$）ではスピンが上向き（白で表される領域）とスピンが下向き（黒で表される領域）は細かく入りまじっている．この状態を常磁性という．(a) 臨界温度より低温側（$T<T_c$）では，すべてのスピンが下向きになっており，強磁性が発現した（磁石になった）ことが示されている．(b) その中間の臨界温度（$T=T_c$）では，上向きスピン（白）が優勢な領域と下向きスピン（黒）が優勢な領域が大きな島となって混在している．D.R. Chialvo *et al.*, *Nat. Phys.*, **6**, 744 (2010).

ンダムにフリップしますので、磁化はグローバルに発現しないで常磁性体になります。それが、転移点以下になると（a）、すべてのスピンが上向きか下向きになって磁化が発生し、私たちがよく知っている磁石になるわけです。

この二つの温度の中間では、図（b）に示すように上向きスピンが優勢な島と下向きスピンが優勢な島が現れます。図3・3は実験結果ではなく、イジングモデルを計算機シミュレーションで解いたものです。臨界温度では、スピンが上を向いたり下を向いたりすることの時空間における相関長が最大になりますので、島の大きさは最大になります。また時間的にも、上を向いていたスピンが下を向いて、また上を向くというスピンフリップの周期も非常に長くなります。それを物理の言葉で臨界減速とよびます。そうした相転移の臨界点においては、遠く離れたスピンの間でも非常に効率のよい通信が可能になります。そうすると、最大の情報量（エントロピー）、つまり、最もランダムな状態を実現することができますから、外部からごくわずかな入力が加わると、それに敏感に反応して、スピンがすべて上向きになったり、すべて下向きになったりすることがあります。

水の場合では室温では水分子は自由に動いていますが、０℃に近づくと分子は大きく動かず同じ場所で振動している状態になり、同じ方向を向いた集団を形成し、わずかな刺激で氷になります。このように外からの入力に対して劇的に状態が変わるような相転移の臨界点の特徴を利用し、ある与えられた入力に対して、巨視的なオーダーで答えをはじき出すようなコンピューターが、ここでいうイジングモデルを臨界点で計算するという概念です。

その原理に注目している背景には、脳における臨界現象問題があります。図３・４（ｄ）は、ｆＭＲＩという原子核スピンを使った診断装置による人間の脳が休止状態にあるときのデータ、つまり、ある部位のニューロンがどれだけ多くのニューロンと結合しているかを表した度数分布図です。これは実測値です。一方、磁気的に結合した電子スピンのネットワークを記述するイジングモデルを用いて、臨界点付近の相関長の分布をシミュレーションした結果（図ｂ）を見ると、ニューロンがシナプスで結合した神経ネットワークの相関長分布の実測値と同じような形をしていることがわかります。このことから、人間の脳というのは休止している状態のときに何もしていないので

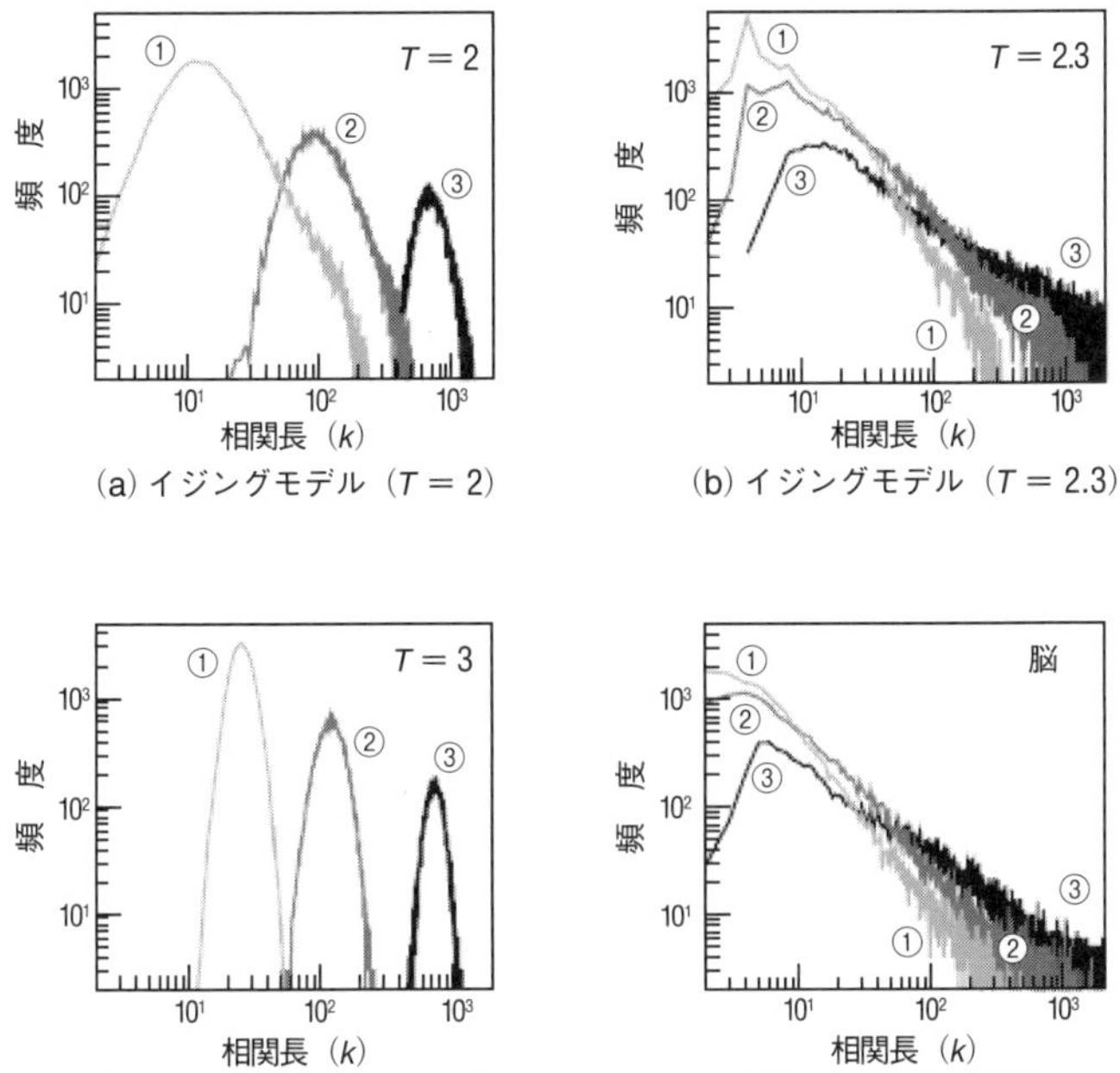

(a) イジングモデル（T = 2）　(b) イジングモデル（T = 2.3）

(c) イジングモデル（T = 3）　(d) 脳に対するf-MRIデータ

図3・4　(a)，(b)，(c) はイジングモデルにおいて同じスピンの向きをもつ領域がどれだけ空間的な広がり（相関長という）をもっているかを表す分布図で横軸は相関長，縦軸はその相関長が観測された頻度，(d) は休止状態の脳のf-MRI観察　三つの異なる平均相関長をもつ系（① $k = -26$，② $k = -127$，③ $k = -713$）に対する結果を示している．臨界温度（$T = 2.3$）においては，相関長 l の分布 $P(l)$ が多項式 $P(l) = 1/l^{\alpha}$ ($\alpha > 0$) で落ちていくことが確認される．図3・4(d) は休止状態にある人間の脳に対して，f-MRIでニューロンの発火現象の相関長 l の分布 $P(l)$ を測定した結果を示す．臨界温度にあるイジングスピン系と同様に，多項式分布 $P(l) = 1/l^{\alpha}$ が得られる．（図3・3の文献に同じ.）

つの反強磁性結合に対してはスピンを逆向きにできるが，残り一つの反強磁性結合に対しては二つのスピンは同じ向きになってしまう．このように，エネルギーを上げてしまうスピン配置をとらざるをえないスピン系はフラストレーションをもっているという．四つのスピンが六つの反強磁性結合でつながっている場合には，基底状態でも二つの反強磁性結合にフラストレーションが残ってしまう．

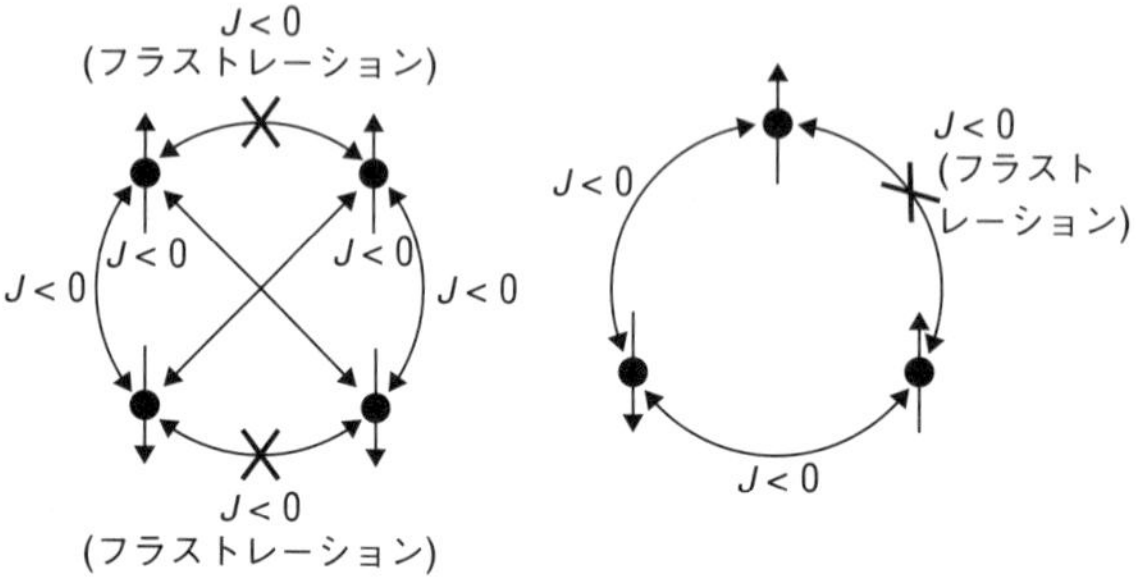

図2　フラストレーションをもつ反強磁性結合スピン系

このようなフラストレーションのあるイジングスピンの系の特徴の一つは，基底状態が複数あることである（これを基底状態が縮退しているという）．図2の例では，基底状態はそれぞれ三重，六重に縮退している．このようなフラストレーションをもつ基底状態を巨大で複雑なグラフに対して求める問題は，現代コンピューターにとって難しい問題である．N 個のスピンをもつ系に対して，2^N の候補に対して，すべての固有エネルギーを計算して正解を得ようとすると，計算時間は指数発散してしまう．$N=$ 10, 20, 30 のとき，候補の数 2^N は $\sim10^3$, $\sim10^6$, $\sim10^9$ と急激に増加する．イジングモデルは単純な理論モデルであるが，一般にはNP困難クラスとよばれる現代コンピューターにとっては最も難しい問題なのである．

イジングモデルとは

磁性やスピングラスといった現象を理解するため，物性物理学の分野で広く使われる理論モデルの一つである．このモデルでは，系のエネルギー（ハミルトニアンという）が，

$$H = -\sum_{i<j} J_{ij}\sigma_i\sigma_j$$

の形式で与えられる．σ_i はサイト i にいるスピンの向きを表し，上向きならば+1，下向きならば−1をとる．J_{ij} はサイト i と j にいるスピン間の結合係数であり，$J_{ij} > 0$ の場合を強磁性結合，$J_{ij} < 0$ の場合を反強磁性結合という．図1に示すように，$J_{ij} > 0$ ならば二つのスピンが同じ向き（これを強磁性状態という）の方がエネルギーが低く，$J_{ij} < 0$ ならば二つのスピンが逆向き（これを反強磁性状態という）の方がエネルギーが低くなる．ある物質が低温で強磁性や反強磁性といった物性を示すのは，このように J_{ij} の正負により決められる．

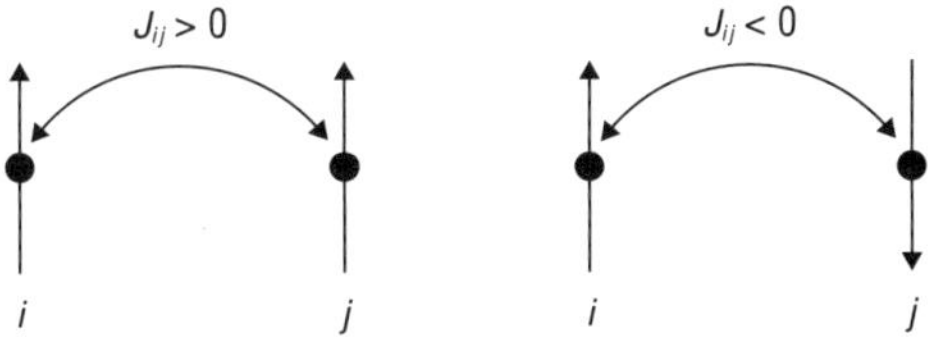

図1　強磁性結合（$J_{ij}>0$）と反強磁性結合（$J_{ij}<0$）におけるスピンの向き

すべてのスピンが強磁性結合でつながっている場合には，すべてのスピンが同じ向きになったときエネルギーが最小となるので，このエネルギー最小の基底状態は自明である．一方，すべてのスピンが反強磁性結合でつながっている場合には，基底状態を求めることはそれほど単純ではない．図2に示すように，すべての結合するスピンを逆向きにすることができないからである．三つのスピンが三つの反強磁性結合でつながっている場合には，二

はなく、何かの刺激が入ったときすぐそれに対して情報処理を行うことができるように、瞬発力を秘めた臨界点のすぐ近くに常にバイアスされているということができます。これが脳における情報処理が瞬時に行われている秘密ではないかといわれています。

以上のことから、相転移の臨界点には、複雑な、あるいは難しい組合わせ最適化問題を、自発的な秩序形成を介して、短時間で解く瞬発力が秘められているのではないかと、研究者たちは想像しています。そして、その力を利用した将来の計算機が行う計算を**臨界計算**（critical computing）とよんでいます。

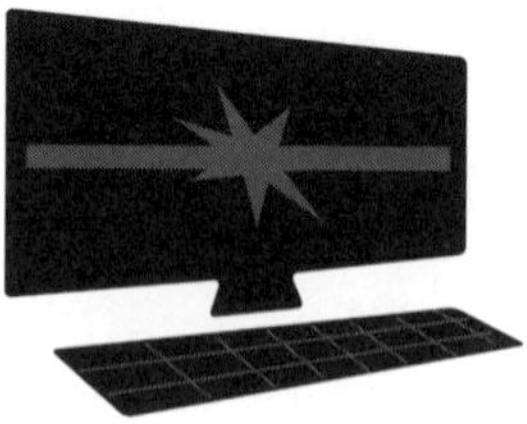

5　コヒーレントコンピューターの概念と原理

粒子のコヒーレントな波動関数がコンピューター全体に広がって、一つの粒子の波動関数が空間のどの場所にも同時に存在し、計算するような量子力学的なものは現在のコンピューターにはありません。では、そういうものを取入れた従来の量子コンピューターのどこに不満があるのでしょうか。それは、量子粒子の生成と消滅を繰返すことによる世代交代がないということです。

従来の量子コンピューターは、最初につくった量子力学的な波動関数（ベクトル）を回転して変化させて解に近づけて最終的に読み出すという、一つの世代の波動関数を最初から最後まで保存しながら計算を行います。しかし、環境に適した種が生き残り、環境に適していない種は淘汰されるという自然界のダイナミクスに従って、生態系が最適化を目指してきたのと同じように、量子粒子（この場合には光子ですが）をつくっては壊し、つくっては壊しということを何世代にもわたって繰返すことによって、コンピューター全体に広がっているコヒーレント波動関数を短時間で最適化することができる可能性があります。

現在のコンピューターと従来の量子コンピューターに欠けている以上のような二つの機能を同時にもつ**コヒーレントイジングマシン**として最初に提案されたものは、レーザーネットワークを用い

表3・1　従来の量子コンピューターと新しい量子コンピューター（量子アニーリング，コヒーレントコンピューター）の比較

	従来の量子コンピューター	量子アニーリング	コヒーレントコンピューター
原　理	ベクトルのユニタリ変換	ハミルトニアンの断熱変化	開放系の量子相転移
情報キャリア	局在スピン－$\frac{1}{2}$粒子	局在スピン－$\frac{1}{2}$粒子	非局在光子（調和振動子）
高速化メカニズム	多粒子干渉計	多粒子干渉計	量子粒子の世代交代
外界からの雑音	量子誤り訂正で抑圧	量子誤り訂正で抑圧	計算のリソースに利用
動作温度	極低温（～10 mK）	極低温（～10 mK）	室　温

ます。

これまで開発されてきた量子コンピューター、量子アニーリング、そして私たちが提案しているコヒーレントコンピューターの特徴と違いを表3・1に示します。

量子コンピューターと量子アニーリングは多粒子干渉計であり、量子エンタングルメント（量子もつれ）を必要とし、これを外界からの雑音から保護するために極低温動作と量子誤り訂正符号を必要とします。以下に具体的に述べるコヒーレントコンピューターは基本的に非局在単一粒子干渉計であり、量子エンタングルメントを必要としません。そのため室温動作が可能なのですが、その限界性能は現時点でまだ明らかでなく、研究の真っ只中です。

6　レーザー／光パラメトリック発振器における非平衡量子相転移

私たちがコンピューターに使おうとしているのは水や磁石の相

転移ではなく、レーザー相転移あるいは光パラメトリック発振器相転移を用いて臨界計算をさせるというものです。

レーザーというのは二枚の鏡の間にレーザー光を発生する利得（ゲイン）媒質が入っていて、それを外側からポンプレーザーやフラッシュランプあるいは電流でポンピング（励起）すると、外から何も入力光が入ってこなくても**コヒーレント**(注2)な光が出力される仕掛けになっている装置のことです。外から何も入力光が入ってこないということを量子力学の言葉でいうと、真空場のゆらぎが入ってくるということになります。光子（フォトン）が一つもない暗闇な空間は、本当に暗いわけではなく、電場にも磁場にもごくわずかなゆらぎがあります。光子がまったくないのに揺らいでいる状態を真空ゆらぎといっています。

図3・5では、レーザーで出てくるコヒーレントな光の状態がどのようなものかを説明しています。発振閾値以下で出てくる光は太陽光と同じ黒体輻射の光です。それは物理的に光子数がゼロの状態から、一個、二個、三個、四個と、数多くの光子数の状態までがある確率で足し合わされ

（注2）光は波の性質をもち、振幅と位相をもつ。通常の光では振幅と位相はさまざまな状態が混在してランダムであるが、振幅と位相がそろった状態を**コヒーレント光**といい、干渉可能な状態をいう。レーザー光はその一例である。

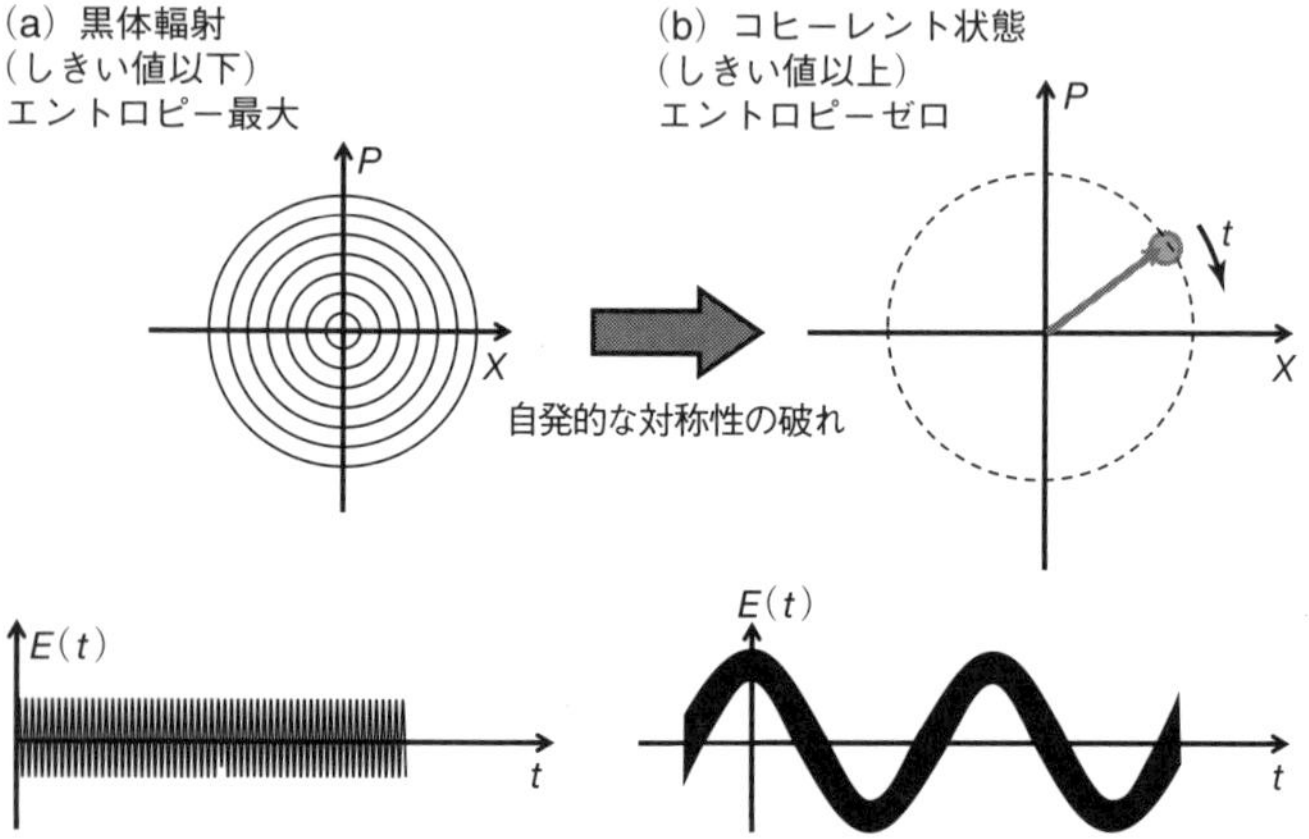

図3・5　レーザー相転移における光の量子状態の変化 光の電場を $E(t) = X\cos(\omega t) + P\sin(\omega t)$ と表したときの，二つの直行する位相成分の振幅 $(X,\ P)$ の分布を示している．励起レートが発振しきい値以下の場合，出力光は太陽光やLED光と同じ黒体輻射と変わらない．電場の平均値はゼロであり，位相はランダムである．励起レートが発振しきい値以上になると，出力光は振幅と位相が（不確定性原理が許す範囲で）確定したきれいな電磁波（コヒーレント状態）となる．黒体輻射は一定のエネルギーという条件下で，ランダムさ（エントロピー）を最大にする状態である．励起レートのわずかな上昇により，あるいは外部からの微小な入力光により，レーザーはエントロピーがゼロの状態へと劇的な変化を起こす．これは，相転移に伴う自発的な対称性の破れの特徴の一つである．

た状態として記述されます。レーザーの等価的な温度は一〇・〇〇〇ケルビンくらいです。電場の波形で見ると、中心の電場はゼロですが非常に大きな振幅をもって揺らいでいます。本来、コヒーレント光というのはきれいな正弦波になるのですが、その正弦波の始まる位相がどこかわからず、位相がまったくランダムで、光子数もばらばらになっている状態にあるのが黒体輻射で、われわれが通常の生活で使っているLED光や太陽光などがそうです。

発振直前まで励起したレーザーにおいて、ごくわずかだけ励起レートを上げると、出てくる光は黒体輻射から位相と振幅が確定したきれいな正弦波（コヒーレント状態）に劇的に変化します。これはエントロピーがゼロの状態、つまり、余分な雑音のないきれいな状態です。黒体輻射の光は、エネルギー一定という基準を設けると、最もたくさんのランダムさを秘めた状態で、エントロピーが最大の状態です。ごくわずかな励起レートの違いで、エントロピー最大からエントロピーがゼロの状態に劇的に変化することを「自発的な対称性の破れ」といっています。

机の上に立てた鉛筆は、指で鉛筆を支えていればそのまま立っていますが、指を離すと、鉛筆は倒れます。鉛筆が倒れる方向は、どの方向も同じ確率のはずなのに、何かの理由である方向だけを選択して倒れます。同じように、どの位相をとってもよいのに、たまたまある位相が選択されて、そこに系が凝縮することを、自発的な対称性の破れとよぶわけです。自発的な対称性の破れは非常に複雑な量子ダイナミクスですので、われわれが今もっているような古典的コンピューターでは効率よく数値シミュレーションできないということは昔からよく知られています。

レーザーと同じようなものにパラメトリック発振器があります。電気のパラメトリック発振器は六〇年前にパラメトロンコンピューターのハードウエアに使われたものですが、私たちは光のパラメトリック発振器を使おうとしています。

光パラメトリック発振器も、やはり二枚の鏡を使います。その鏡の間に、レーザーの利得媒質

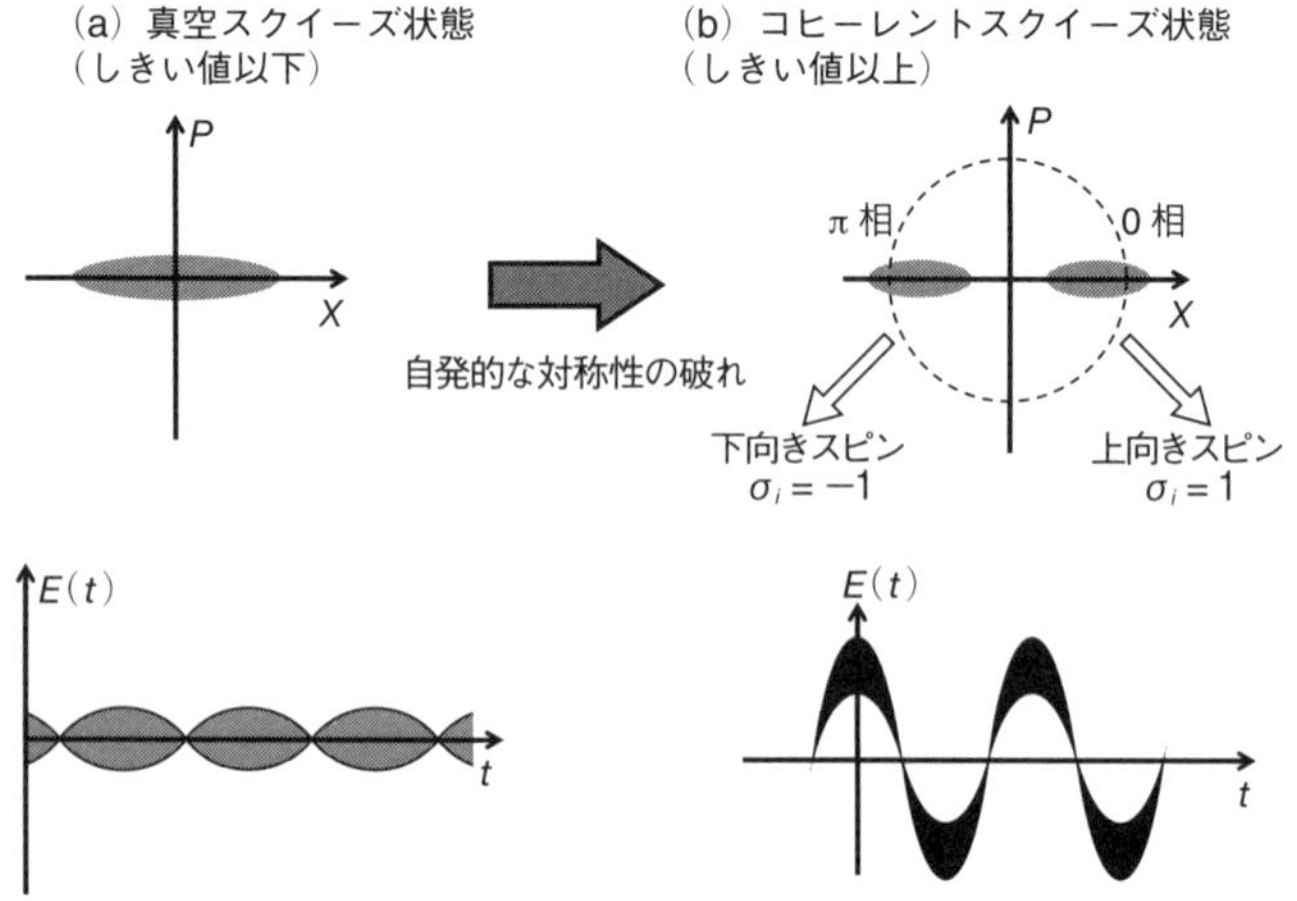

図3・6　パラメトリック発振器相転移における光の量子状態の変化
(a) 励起レートが発振しきい値以下の場合，出力光は真空スクイーズ状態とよばれる非古典光になる．電場の平均値はゼロであるが，振幅Xのゆらぎは真空ゆらぎより大きく，振幅Pのゆらぎは真空ゆらぎより小さく，それらの積$\Delta X \cdot \Delta P$は最小不確定積$\Delta X \cdot \Delta P = 1/4$を満足している．(b) 励起レートが発振しきい値以上になると，出力光は位相$\theta = 0$のコヒーレント状態か，$\theta = \pi$のコヒーレント状態のいずれかをとるようになる．この劇的な変化も自発的な対称性の破れの特徴の一つである．コヒーレントイジングマシンでは，位相$\theta = 0$の状態を上向きスピン，$\theta = \pi$の状態を下向きスピンに対応させる．

に代えて、二次の非線形光学結晶を入れます。それを外側から同じように励起光で励起すると、二次の非線形光学結晶が、励起光から光子一つを吸って、その半分のエネルギーの光子を二つ吐き出します。一個の光子が二個の光子に分かれるわけですが、分かれたフォトンのエネルギーは半分ですから、エネルギー保存則は満足しています。そのような発光過程を**パラメトリック過程**とよびます。そうやって発生した光を光源として使おうとしています。

この種の発振器は、レーザーとは逆に、発振しきい値の直下でエントロピーがゼロの純粋状態をつくります（図3・6a）。この純粋状態は、真空スクイーズ状態といい、電場の平均値はゼロですが、$\cos(\omega t)$ で振動する成分は非常に大きな量子雑音をもち、$\sin(\omega t)$ で変動する成分が非常に小さな雑音をもっていて、真空場のゆらぎよりも、もっと小さなゆらぎをもっているという非古典的な光です。光子が一つもない空間は真っ暗ですが、真空スクイーズ状態は、実はたくさんの光子を抱えていながら、特別な時刻だけを考えると、真っ暗な空間よりもさらに暗い空間がそこに実現されているということになります。

そういう状態から、励起レベルを少しだけ上げると、発振光は0相かπ相のいずれかをとるコヒーレントスクイーズ状態になります（図3・6b）。これもやはり自発的な対称性の破れで選択されます。選択の確率は五〇パーセントずつで、どちらがとられるかわからないということになっています。

おもしろいことに、この発振しきい値のところでは、0状態とπ状態が線形重ね合わせの状態で存在します。私たちが通常知っているネコは、生きている状態か死んでいる状態かのどちらかで、それを古典的実在（リアリティー）とよんでいるわけです。ところが、量子力学の世界では、生きている状態のネコと死んでいる状態のネコが一つの光の状態の中に同時に存在していて、半分生きていて半分死んでいるネコをつくることができます。それを**シュレーディンガーのネコ**状態とよん

なぜ，光を使うのか

コヒーレントイジングマシンでは，イジングスピンは光パラメトリック発振器の0位相とπ位相という双安定状態にマッピングされている．なぜ,低周波（マイクロ波やミリ波）のパラメトリック発振器を用いずに，光のパラメトリック発振器を用いるのか，については三つの理由がある．光を用いる理由の一つは，光パラメトリック発振器イジングマシンは，室温でも量子限界で動作することにある．発振しきい値付近で実現される0位相とπ位相の線形重ね合わせ状態や二つのパラメトリック発振器間に生成される量子相関は，コヒーレントイジングマシンの重要な計算リソースである．これが室温で実現されるのは，（量子的）零点振動エネルギー $\frac{1}{2}\hbar\omega$ が室温での熱ゆらぎエネルギー $k_{\mathrm{B}}T$ よりも10倍以上も大きいからである．マイクロ波やミリ波のパラメトリック発振器で同じ量子限界の動作を実現するためには，発振器を極低温に冷却する必要がある．

光を使うもう一つの理由は，大規模なシステムをコンパクトな系に実装できることである．たとえば，繰返し周波数20ギガヘルツ（パルス間隔50ピコ秒），パルス幅1ピコ秒の光パルス列を光パラメトリック発振器で発生することは現在では比較的容易である．もし，長さ10キロメートルの光ファイバーでリング共振器を構成したとすれば，リング共振器の1周当たりの損失は2デシベルとわずかであるにもかかわらず，周回時間は50マイクロ秒なので，総パルス（スピン）数は $N=$（50マイクロ秒 /50ピコ秒）$= 10^6$ となる．このように巨大なシステムが光導波路デバイスと光ファイバーを用いれば，数十センチメートルサイズの大きさで実現できる．

このコヒーレントイジングマシンでは，10^6 個のイジングスピンは時分割多重パルスとして50ピコ秒ごとに光ホモダイン検波

（つづく）

コラム（つづき）

器に入射し，その振幅と位相が検出され，フィードバックパルスの変調入力として使われる．たった一つの光ホモダイン検波－フィードバック回路で N 個のスピンは他の $(N-1)$ 個のスピンに任意のイジング結合係数 J_{ij} で結合できる．一方，局所的な電気配線を使ってイジングモデルを実装する試みとして，超伝導量子ビットを用いた量子アニーラーやシリコン CMOS * ゲートを用いたイジングチップでは，総スピン数 $N=10^6$ の任意のグラフを実装するためには，$N^2=10^{12}$ の電気配線が必要になる．光を用いる最後の理由は，このスピン間の配線の容易さである．

* complementary metal oxide semiconductor, 半導体回路の一種.

でいます。

パラメトリック発振器がもっている性質から、どういうことが期待できるのでしょうか。発振しきい値の上側で0相とπ相のどちらかをとるという識別再生機能には、われわれの解きたいイジング問題のスピンがアップかダウンかということを、雑音に負けずに安定化して保存しておくメモリーとしての作用がありま す。同時に、少し下の発振しきい値付近の励起レートでは、0状態とπ状態が重ね合わせになっていますので、N 個のパラメトリック発振器を準備すると、個々のパラメトリック発振器は0相とπ相の二つの状態をとりますので、2^N 個の異なった状態を同時に表すことができます。そういうすべての状態の線形重ね合わせを通して解を探索することを**量子探索**といいますが、コヒーレントイジングマシンにはそういう量子探索の道が開かれているということになります。

7　レーザーネットワークを用いたコヒーレントイジングマシン

図3・7にレーザーネットワークを用いたコヒーレントイジングマシンを示します。系は一台のマスター発振器とN台のスレーブ発振器からできていて、スレーブ発振器の電場が右回りで発光すればアップスピン、左回りで発光すればダウンスピンというように、スピンの自由度は円偏光にマッピングされています。そうすると、二つのスレーブ発振器の間をつなぐ光路に、水平方向に電場が振動している成分だけを通すような偏光板を一枚入れることによって、解きたいイジングハミルトニアンがレーザーネットワークの実効損失にマッピングされます。

イジングハミルトニアンだけでなく、外側から磁場をかけてスピンをコントロールしたいときは、マスター発振光の水平偏光成分をつくり、それをそれぞれのスレーブレーザーに注入すると、直流磁場をスピンに印加したときに生成されるゼーマンハミルトニアンも実装することができます。

このレーザーネットワークは最も低い固有エネルギーをもったハミルトニアンの基底状態で発振することになりますので、発振が終わった後、それぞれのスレーブレーザーの偏光状態を測定すれば計算結果を読み出せるという原理になっています。

この系は、発振光が誘導放出によって中でつくられては外に逃げていくという、光子の生成と消

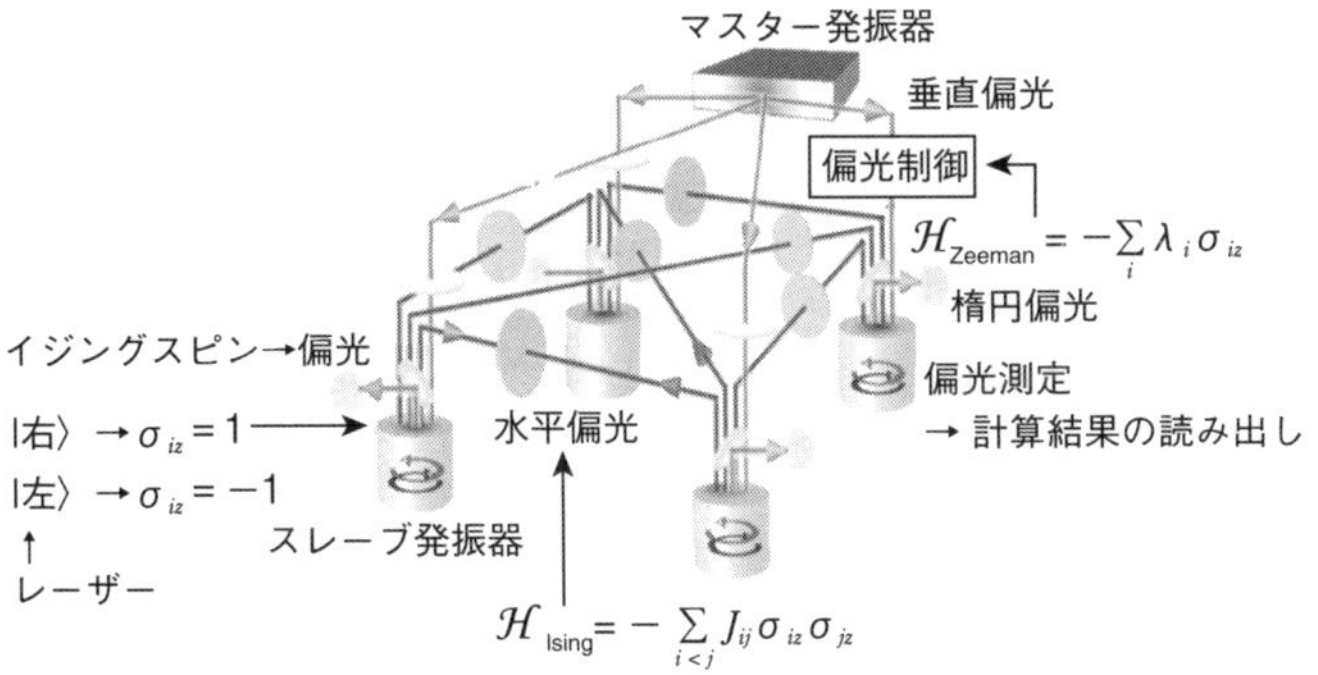

図３・７　レーザーネットワークを用いたコヒーレントイジングマシン
各レーザーの右回り円偏光と左回り円偏光が上向きスピン，下向きスピンに対応している．イジング結合は，二つのレーザー間の結合光路中に置かれた水平偏光板で実装される．スピンに外部から印加された直流磁場の影響（ゼーマン項とよぶ）はマスターレーザー光（水平偏光成分）の各レーザーへの注入により実装される．S. Utsunomiya *et al.*, *Opt. Exp.*, **19**, 18091 (2011).

減を繰返し、ネットワーク全体の最小損失を探索して発振に至るという点で、世代交代による波動関数の最適化を実現する装置になっています。

実は、この最初のアイデアには技術的な問題がありました。レーザーネットワークを構成するときは、スレーブレーザーの間を光学的パス（光路）でつなぐわけですが、その位相が揺らぐと、それぞれのスレーブ発振器の偏光も揺らいでしまいます。つまり、雑音に弱いという弱点があります。先述の縮退型光パラメトリック発振器の場合は、発振光の位相は０相かπ相かに安定化されて、それ以外では発振しませんので、レーザーをそれに置き換えることにより、雑音に強い系にすることができます。

もう一つの問題は、スピンがN個のイジン

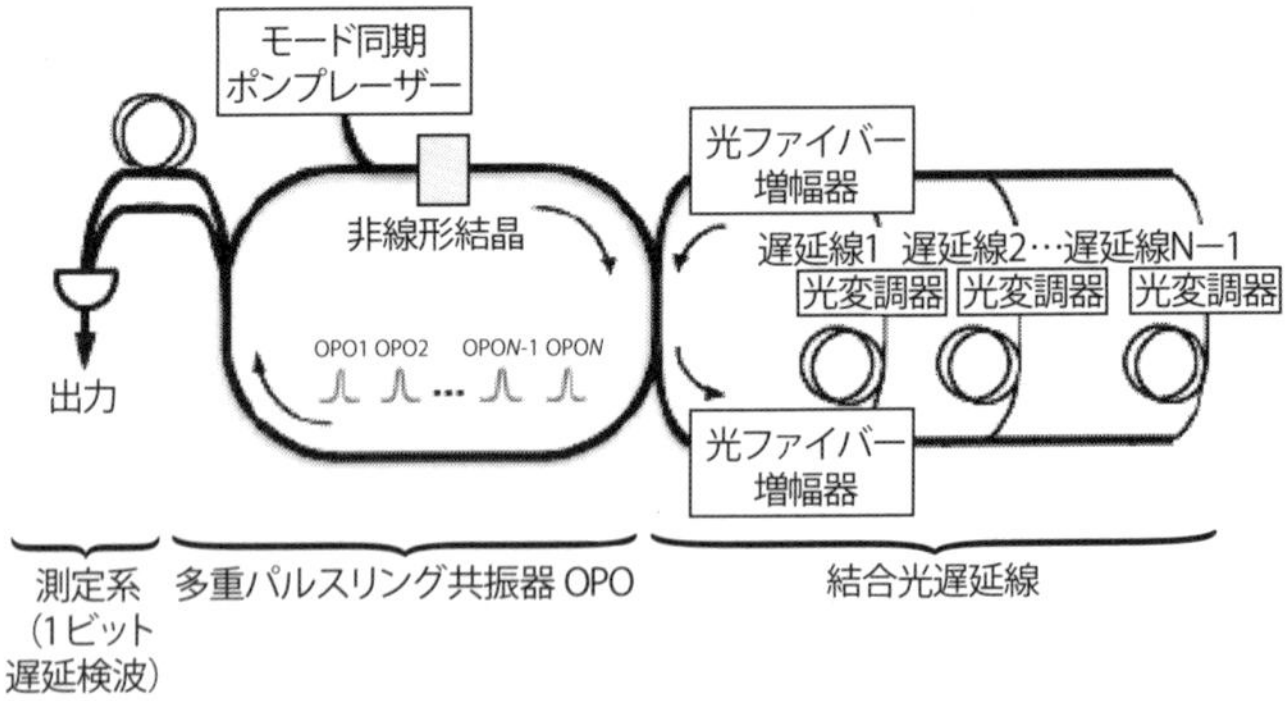

図3・8　光パラメトリック発振器(OPO)を用いたコヒーレントイジングマシン　光ファイバーリング発振器中に同時に生成された N 個の光パルスを独立した光パラメトリック発振器とみなし，N 個の光遅延線と変調器でイジング結合を実装する．図3・7のレーザーネットワークでは，N^2 のオーダーの結合光回路を必要としたが，この図の時分割多重パルス方式では（$N-1$）本の光遅延線で十分である．Z.Wang *et al.*, *Phys. Rev.*, **A88**, 063853 (2013).

グモデルを解くためには、N個のレーザーを準備する必要があるということです。Nが一〇〇万というような大規模な問題を解こうとしても、同じ周波数で発振するレーザーを一〇〇万台も準備するのは並大抵のことではありません。その問題を解決するために、**リング共振器**というのを使います。（図3・8）これは、光のパルスがリングの中を周回しながら発振する共振器ですが、その中に、一〇〇万個のOPO（optical parametric oscillator）パルスを走らせるようにすれば、一〇〇万個のレーザーを準備しなくても、たった一個のリング共振器があればよいということになります。

さらなる問題点として、N個のレーザーを光で結合するためには、N^2の結合回路を必要とします。それも非常に大変なことで、一〇〇万個のレーザーをつなぐためには10^{12}個という膨大な数の配線が要ります。この問題を解決するために、N本の光遅延線を準備します。それぞれのパルスがくるときに、すぐ後を通ってくるパルスに結合するか、その次のパルスに結合するか、最も離れたパルスに結合するかは、遅延線を張って、振幅と位相をそろえればよい。こういう考え方を**時分割多重**といいますが、そういうものを導入すればよいのではないかと考えました。

8　シミュレーティドアニーリング、量子アニーリング、レーザー／ＯＰＯネットワークの動作原理

N個のスピンがあるとき、それぞれの解の候補は固有エネルギーをもっていて、その固有エネルギーをプロットしたものはエネルギーランドスケープ（図３・９）として表せます。最もエネルギーが低い基底状態が求める解になりますが、シミュレーティドアニーリング法では系の温度が高いところから、ゆっくり冷やしていくと、準安定状態にトラップされているものが熱的に励起され、サーマルホッピングを繰返しながら、基底状態を探していきます。ゆっくり冷やしさえすれば解は捕まるというのが、**シミュレーティドアニーリング**の考え方です。

量子アニーリングの場合は、スピンに横磁場をかけて強制的に回転させれば、ポテンシャル障壁

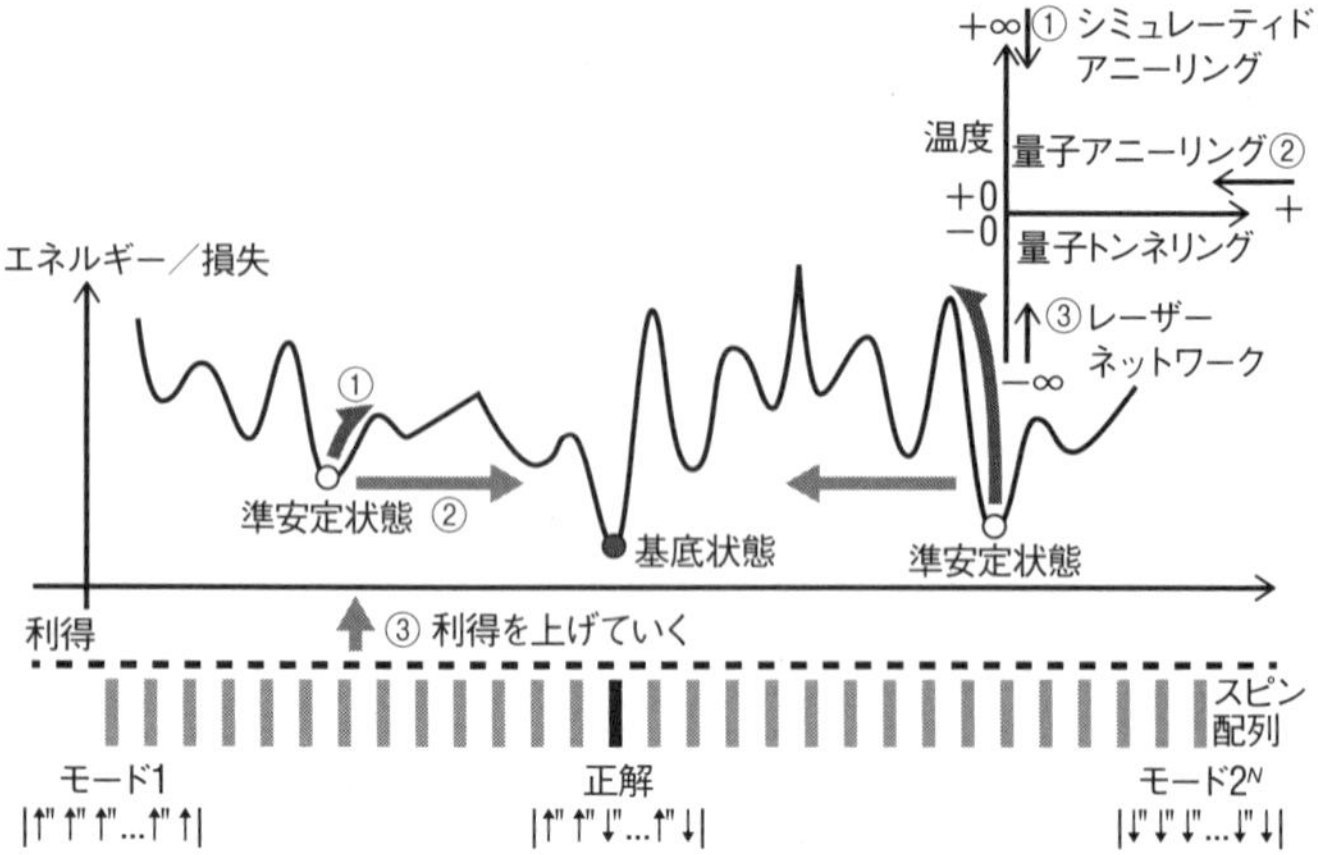

図3・9　イジングハミルトニアン（エネルギー）対スピン配列　N個のスピンの系には2^N通りの異なったスピン配列があり，それぞれ異なったエネルギーをもつ．最も低いエネルギーをもった基底状態が求めるべき解である．① 現在のコンピューターで使われる焼きなまし法（シミュレーティドアニーリング）では，系の温度を少しずつ下げながら上から下に向けて正解を探索する．② 量子アニーリングでは，ポテンシャル障壁を量子トンネリングで克服しながら，横方向へ正解を探索する．③ コヒーレントイジングマシンではイジングハミルトニアン（エネルギー）はネットワークの損失にマップされている．光パラメトリック発振器の利得を下から上へ向けて増加しながら正解を探索する．利得が損失に最初にタッチするのは基底状態であるので，まず初めに基底状態が発振する．

があっても、量子力学的なトンネリングで障壁を克服することができるので、横磁場の大きさをゆっくりと小さくして、トンネリングを何度も繰返すことによって、基底状態が捕まるという仕掛けになっています。

　組合わせ最適化問題では、問題サイズが大きくなると、基底状態の周りにいる準安定状態、すなわち、系を誤った解にトラップするような落とし穴が指数的に多くなっていきますから、熱的なホッピングや量子力学的なトンネリングで克服しなければならない障壁の数も指数的に多くなり、冷却時間あるいは量子トンネリングを小さくする時間が指数発散してしまうというのが欠点でした。

その問題を回避するために、私たちは温度に負の概念を取入れました。負温度というものを考えたわけです。エネルギーの高い状態の占有率がエネルギーの低い状態の占有率よりも大きいことを反転分布（ポピュレーションインバージョン）といいます。マックスウェル・ボルツマンの分布でいえば、その負温度が無限大のときに利得は最小、負温度がマイナスゼロのときに利得は最大になります。レーザーあるいはパラメトリック発振器ではこの状態を実現しているのです。

最初にマイナス無限大の温度を系の中に設定します。レーザー媒質なりパラメトリック利得媒質なりを系の中に組込み、それをマイナス無限大からマイナスゼロに向かってゆっくり温度を上げていきます。最初に利得が損失とタッチするところは、最小利得をもっている基底状態です。損失と利得がマッチングしたところで不安定が生じ、ついには発振が起こります。発振が起こると、利得飽和によって他のモードは全部抑圧されて正しい解が選ばれるので、それを測定すればよいということになります。下側から上側に向かって探索するとき、基底状態の下側には何のトラップ構造もないので、エネルギーが一番下の基底状態が必ず最初に捕まるというのがコヒーレントイジングマシンの最も重要な原理です。従来のシミュレーティドアニーリングでは、温度を下げてゆくことにより、最もエネルギーの低い解を探していくのですが、途中の準安定状態を解とすることがあります。コヒーレントコンピューティングでは、温度を上げることで最もエネルギーの低い、最適解を最初に検知できるという特徴があります。

9　二〇一五年二月における実験の現状

スタンフォード大学で開発されているマシン（図3・10）は、四個のスピンを光パラメトリック発振器に実装しています。実験系は、リング共振器の中に2次の非線形光学媒質があって、それをポンプ光で励起してパラメトリック発振光を出すというものです。ポンプ光パルス間の周期は四ナノ秒で、リング共振器を一周するのにかかる時間は一六ナノ秒ですから、リング共振器の中に独立したパルスが四つ立ちます。ある時刻にＯＰＯ1というパルスが出て、四ナノ秒経つとＯＰＯ2、さらに四ナノ秒経ったときにＯＰＯ3、次はＯＰＯ4がきて、一六ナノ秒が経ったとき、もう一度、ＯＰＯ1のパルスがやってきて取出されるという仕掛けになっています。

そこに三つの遅延線を置いておきます。一つの遅延線は四ナノ秒の遅延時間をもっていますので、ＯＰＯ1がピックオフされてメインキャビティに合流するとき、ちょうどＯＰＯ2のパルスがくるので、ＯＰＯ1からＯＰＯ2に結合が張れます。同様に、2から3、3から4、4から1と、右回りの最近接接合を入れることができます（図中①）。八ナノ秒の遅延時間をもっている場合は、

ＯＰＯ１を取出してメインキャビティに戻すときには、ちょうどＯＰＯ３のパルスがきていますので、ＯＰＯ１からＯＰＯ３への結合ができます。その逆も可能です。またＯＰＯ２とＯＰＯ４も結合できますので、対角的な結合ができることになります（図中②）。そして、一二ナノ秒の遅延は左回りの最近接結合を入れるということで（図中③）、これでフル結合が入るわけです。

そのような仕掛けをしておくと、スピンは全部で四つですので、一つ目のスピンがアップかダウンか、二つ目のスピンがアップかダウンかということで、2^4通りの解が出てくるわけです。それぞれの解に対する測定頻度では、イジング結合を入れない（遅延線を遮断した）ときは各ＯＰＯがまったくランダムに発振しますので、一六通りの状態が同じ確率で出てきます。予想どおりです。

一方、イジング結合を入れてやると、二つがアップで二つがダウンであればエネルギーは最も低いのですがその基底状態が解として出てきます。一〇〇〇回のランをさせても、一度もエラーが観測されなかったので、この計算機のエラーレートは10^{-3}以下だということがわかります。

国立情報学研究所の装置（図３・11）は、クロック周波数を二五〇メガヘルツから一ギガヘルツに上げています。同じ長さのリング共振器を形成しているので、パルスの数は全部で十六あるわけですが、リング共振器から三本の枝が出ているような結合系を張っています。図３・11右下には、基底状態が見つかった証拠となる実験結果が描かれていますが、一〇〇〇回の試行で一〇〇パーセントの成功確率が得られ、エラーは観測されなかったということで、理論どおりに動いているとい

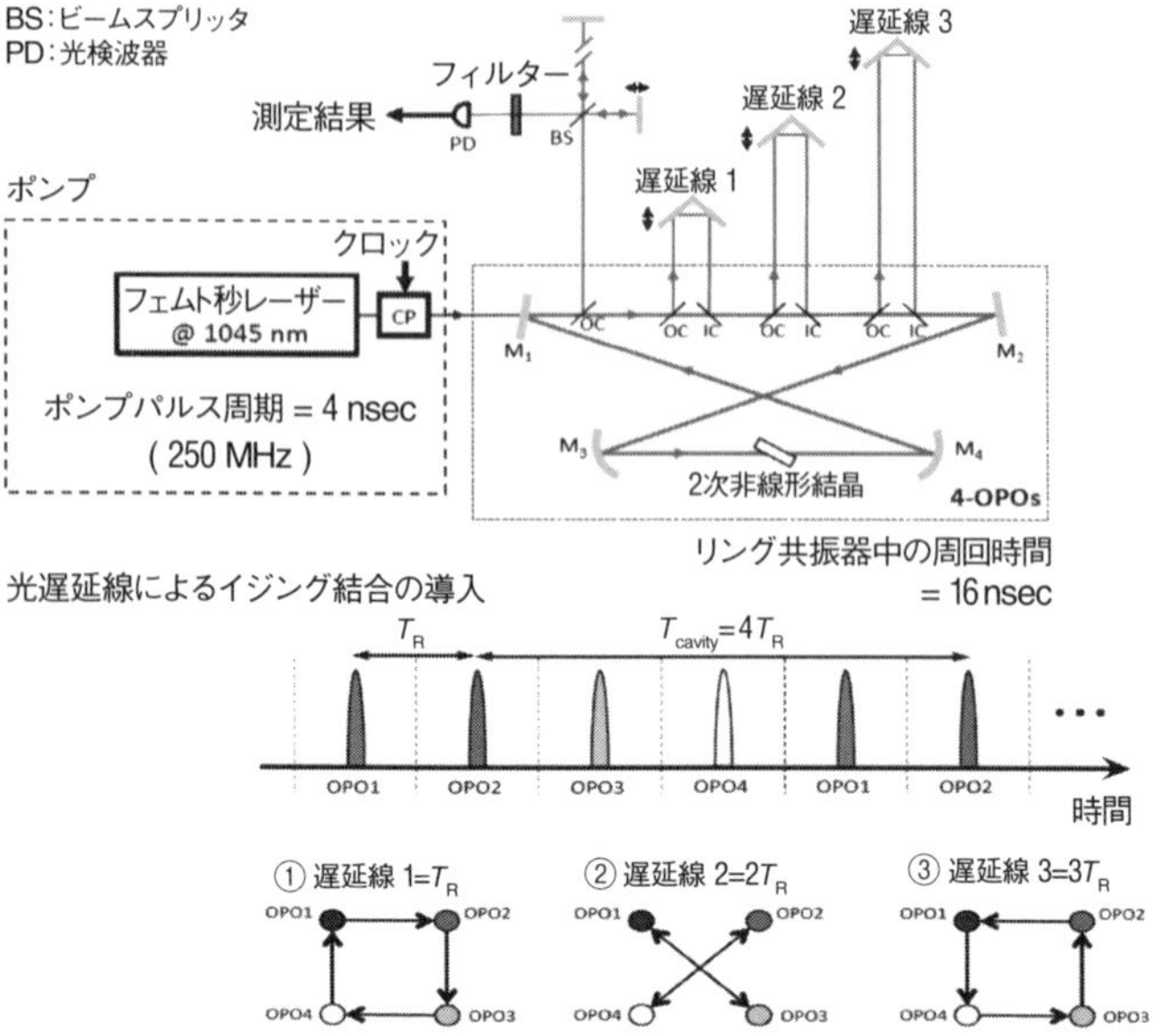

図3・10 スタンフォード大学で開発されたN=4ビットのコヒーレントイジングマシン リング共振器中に四つの独立した光パルスが生成され，$N-1=3$本の光遅延線でイジング結合が実装されている．このマシンでNP困難イジング問題を1000回解かせたところ，すべて基底状態（正解）を見つけることに成功した．A. Marandi *et al.*, *Nat. Photo.*, 8, 937 (2014).

うことがわかります。

このように、光学定盤の上の空間に光路を張ってリング共振器をつくっているうちは、システムサイズを大きく拡張することができないので、NTT研究所のグループは、リング共振器の長さを四・八メートルから一気に一キロメートルに延ばしました。トリックはファイバーを使うことでした。ファイバーの場合には、一キロメートルといってもドラムに巻けば小さなものになりますので、一キロ

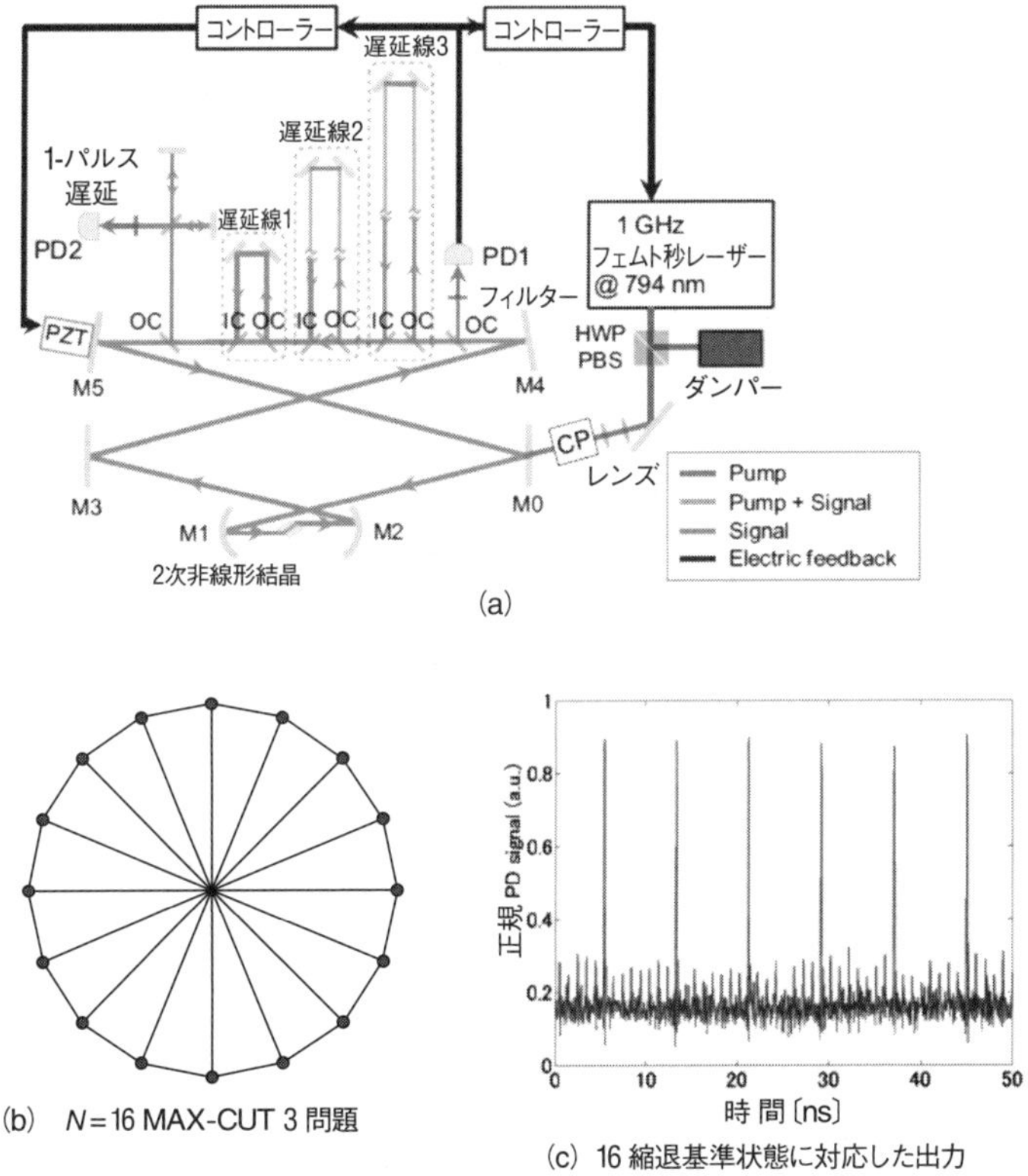

(a)
(b)　N=16 MAX-CUT 3 問題

(c)　16 縮退基準状態に対応した出力

図 3・11　国立情報学研究所で開発された 16 ビットのコヒーレントイジングマシン　リング共振器中に 16 の独立した光パルスが生成され，これに 3 本の光遅延線でイジング結合を導入している (a)．$N=16$ イジング問題 (b) を解き，1000 回の試行ですべて基底状態（正解）を見つけることに成功した (c)．

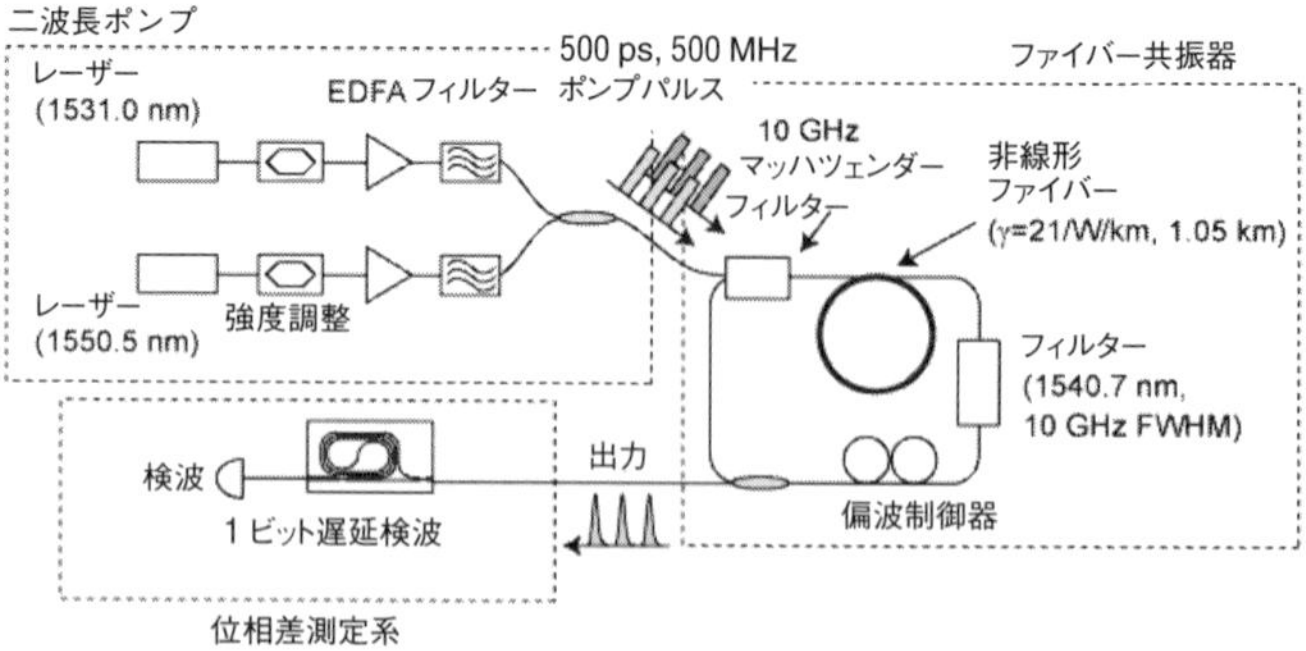

図3・12　NTT株式会社で開発された2600ビットのコヒーレントイジングマシン　長さ1kmの光ファイバーリング共振器中に2600個の独立した光パルスが生成され，これに1本の光遅延線でイジング結合を導入している．

メートルのファイバーを使った共振器を作り、その中に約二六〇〇パルスを蓄えたイジングマシンをつくっています（図3・12）。使った光パラメトリック過程は、三次の非線形を使って少し複雑なものになっていますが、基本的な原理は同じです。

そのような系をつくっておいて同相の最近接結合だけを入れてやると、すべてのパルスが強磁性（全部のパルスが同相）で発振しています。逆相結合の場合には反強磁性で発振しています。このように、パルスの位相が0、π、0、π、0、πとフリップするような予測どおりの実験結果が得られているというところまでいっています。

10　量子測定フィードバック制御

この多重パルスリング共振器のただ一つの欠点は、遅延線の数がパルスの数だけ必要だということです。

二五〇〇のパルスでは二五〇〇本の遅延線を張らないと問題が実装できないということになります。共振器は一個で済むのに、遅延線が二五〇〇本も要るというのは、非常にもったいない話ですから、その遅延線をなくするために、まず共振器の中をぐるぐると走っているパルスを光ホモダイン検波で読み出し、その振幅と位相の情報をもとに電気的にフィードバック信号を計算します（図３・13）。その結果に基づいて、ポンプパルスの一部をピックオフしてきたフィードバックパルスに振幅と位相の変調をかけてメインキャビティに戻します。こうして、たった一つの測定フィードバック回路で、N本の遅延線を置き換えることができました。

これについては、まだ実装はできていないのですが、計算機シミュレーションをしたところ、通常のイジングモデルに対しても、高次のイジングモデルに対しても正しい答えが出ています。高次のイジングモデルというのは、三つのスピンが互いに結合しているようなもので、自然界には存在しないハミルトニアンですが、与えられた数学的な組合わせ最適化問題を解くためには、どうしてもこういう人工的なハミルトニアンが必要になります。

11　ベンチマーク（コンピューターの性能比較）

これから大きなシステムを作っていこうとするとき、それができたら、現在のコンピューターで

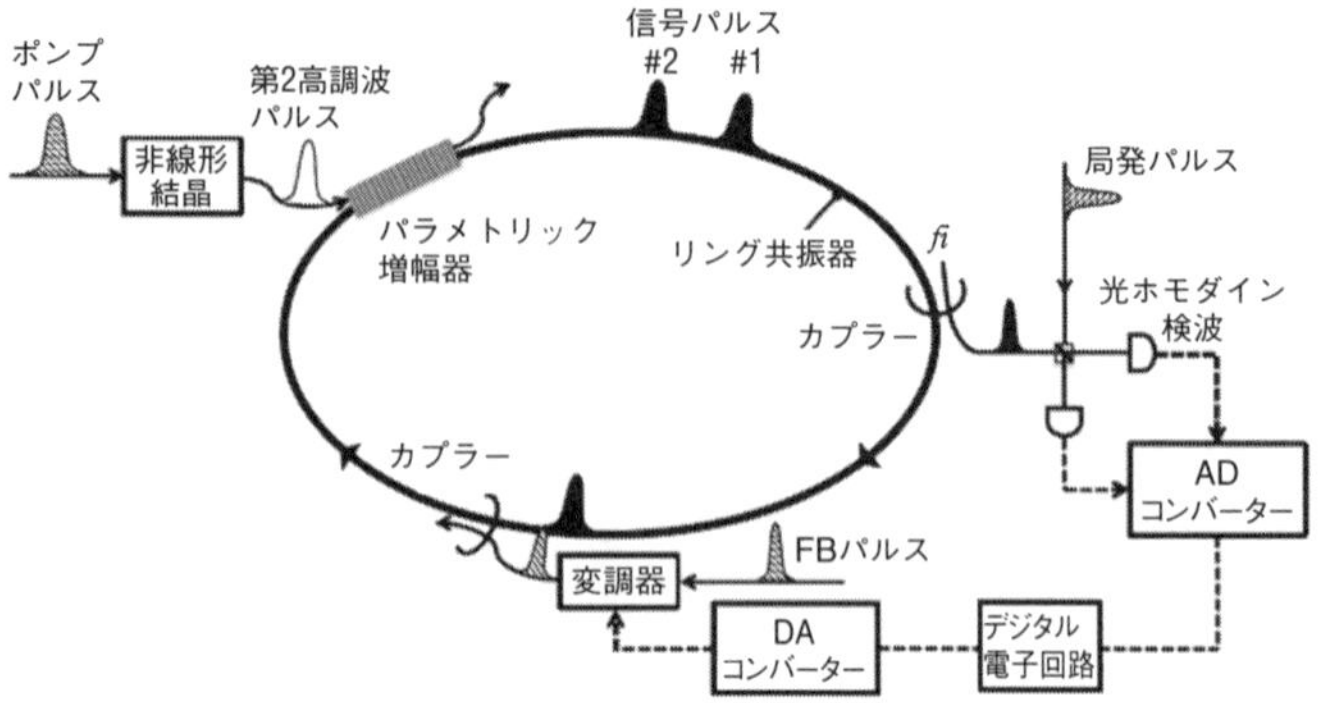

図3・13 量子測定フィードバック制御 コヒーレントイジングマシンにおいて，($N-1$) 本の光遅延線を一つの量子測定フィードバック回路で置き換えている．各光パルスの振幅と位相は光ホモダイン検波器で逐次的に読み出され，その測定結果を元に，任意の光パルスに結合すべきイジング結合パルスがつくられ，リング共振器に注入されてターゲットパルスに重畳される．

組合わせ最適化問題を解く場合に比べて、どれだけのメリットがあるかということを考える必要があります。ここではMAX-CUTという代表的な組合わせ最適化問題を解かせています。それはNP困難クラスという一番難しいクラスの問題です。総当たり法という最も単純な方法で正しい解を探索しようとするとき、ノードの数が二〇になると、成功確率は2×10^{-6}に落ちます。逆にいうと、2×10^{-6}分の1、約一〇〇万回の試行をしないと、厳密解が求まらないという問題です。コヒーレントイジングマシンを使ってその問題を解かせてみると、成功確率は励起レートを固定している場合は一一パーセント、励起レートを最適化すれば、七〇〜一〇〇パーセントということで、確かに厳密解が高い確率で求まっているということがわかります。

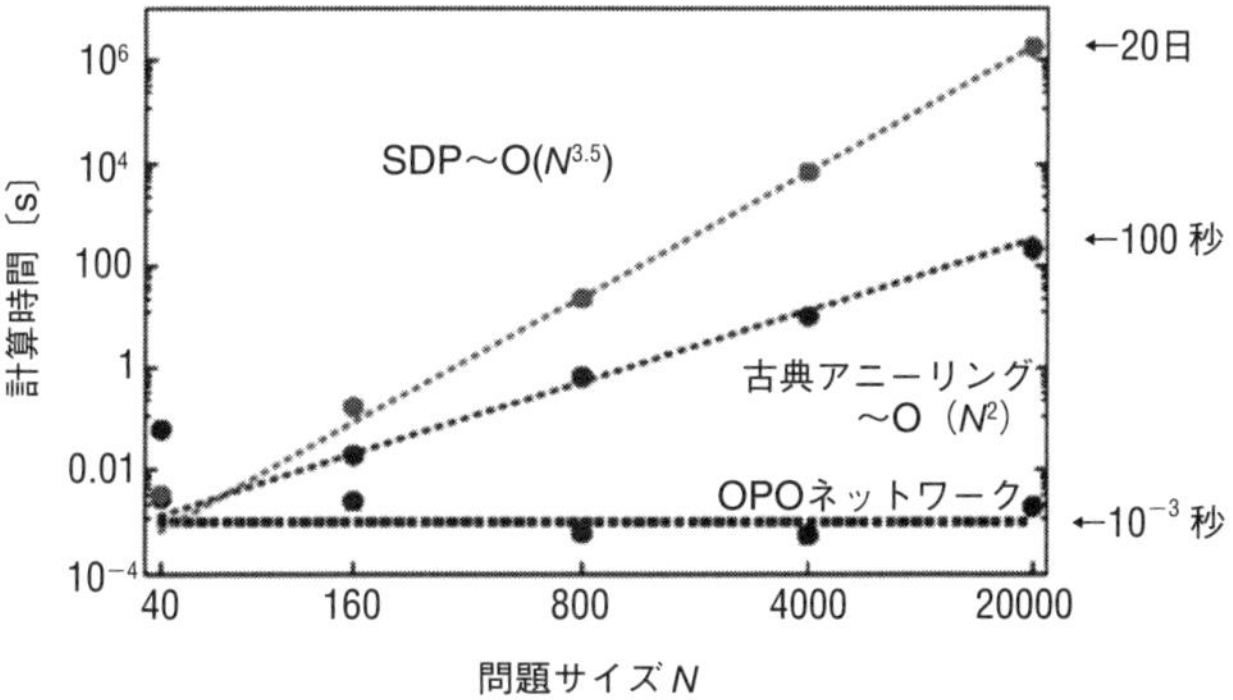

図３・14　完全グラフのMAX-CUT問題に対するベンチマークの結果
すべてのノードが他のすべてのノードとつながっている完全グラフのMAX-CUT問題に対するベンチマーク（数値シミュレーション）結果．88％の精度保証がある近似解法（SDP）と同じ近似度を実現する計算時間を焼きなまし法（シミュレーティドアニーリング）とコヒーレントイジングマシンで比較した．たとえば，$N = 20{,}000$ の完全グラフのMAX-CUT問題は，SDPでは20日，SAでは100秒，コヒーレントイジングマシンでは１ミリ秒の計算時間で同じ近似解を見つけることができる．

図３・14に示したベンチマーク結果は完全グラフといって、すべてのノードがすべてのノードに結合しているグラフでマックスカットを探索する問題です。現代の計算機科学で精度保証が与えられている最も精度の高いアルゴリズムはＳＤＰ（semidefinite programming）といわれていて、それは多項式時間で解けるアルゴリズムです。図ではこのアルゴリズムが読み出してきた計算精度と同じ精度を実現する古典アニーリングとＯＰＯネットワークを比較しています。ノード数が八〇〇の場合、古典アニーリングには精度保証はついていないのですが、ＳＤＰよりも速い時間で同じだけの精度を出していることがわかります。ＯＰＯのネットワークはそれよりもは

るかに速い時間でも同じ精度に達しています。ノード数が四〇〇〇になると、その差はもう少し大きくなります。

図3・14は問題サイズと計算時間の関係をまとめています。問題サイズというのは、今の場合はグラフですからノードの数になりますが、それが四〇から二万まで上がった場合を表しています。ノードの数が二万のグラフを解こうとすると、精度保証のあるSDPでは、現在の標準的なコンピューター（CPU）を使って二〇日程度の時間がかかりますが、古典アニーリングを使うと、それが一〇〇秒で済むということになります。OPOのネットワークは、問題サイズによらず、常に一ミリ秒のオーダーで答えをはじき出してきます。

12　脳型情報処理

人間の脳における情報処理というのは、恐らく目的に応じて異なったミッションをもっているニューラルネットのモジュール（あるタスクを実現するニューラルネットワーク構成単位）を使っているようです。それを臨機応変にリンクして、そのつど、最適なネットワーク計算機を構成しているようです。視覚に集中しているとき、聴覚に集中しているとき、知覚運動、休止（何もしないというわけではなく、いろいろなことを考えている状態）、抑制、背側注意など、いろいろなミッ

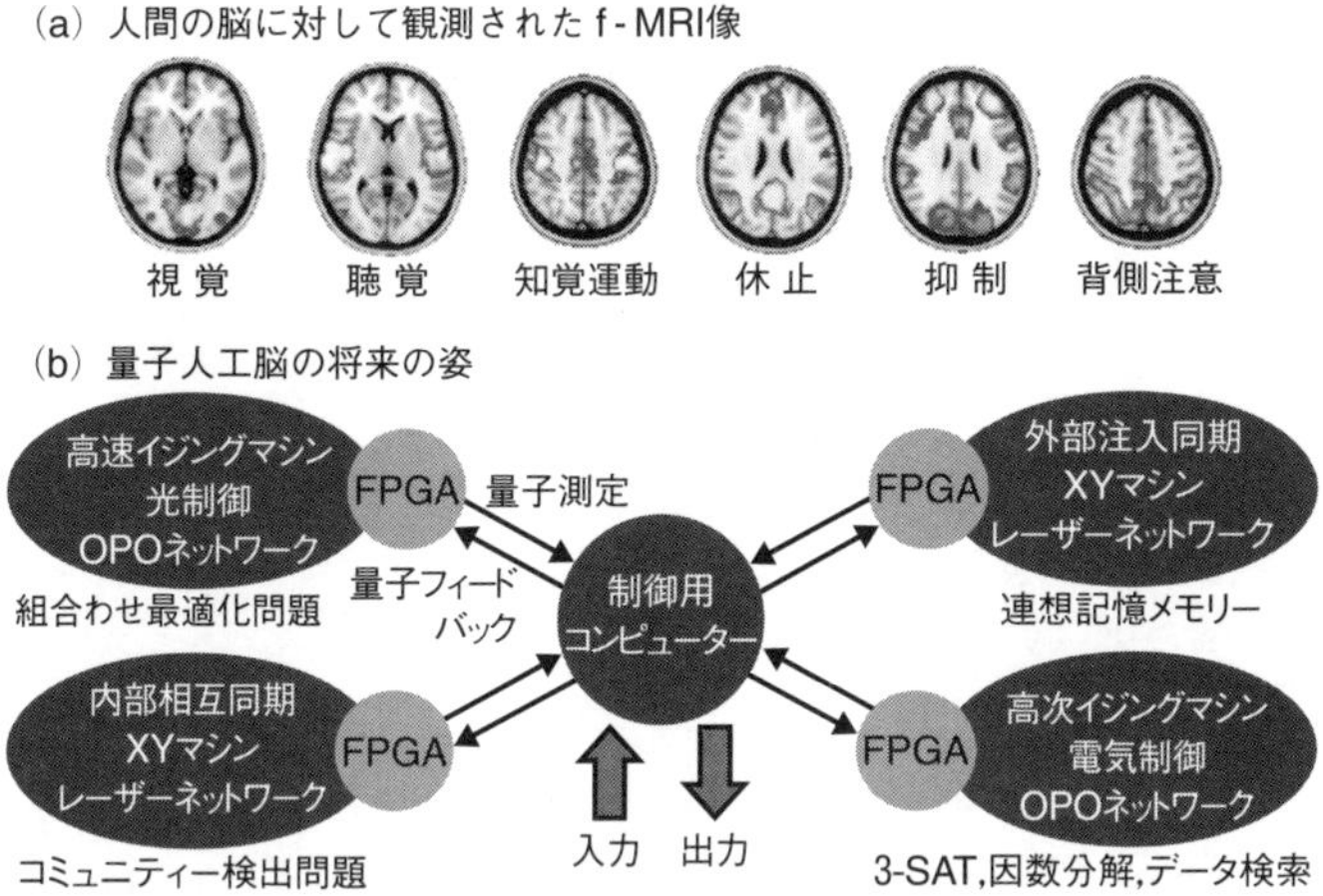

図3・15　量子人工脳の将来像　(a) では，それぞれの行動に特徴的なニューロンの発火パターンが確認された．人間の脳は，目的に応じてさまざまな神経ネットワークを再構成して，情報処理を行っているものと理解される．(b) では，制御用コンピューターに入力として与えられる問題に応じて，イジングマシン，XYマシン，ハイゼンベルグマシンなど異なった特徴・タスクをもつマシンに問題を振り分けて最適ネットワークを形成して，情報処理を実行する．

ションによって異なった部位をつないで、ネットワークを張り直し、最適なネットワーク型の計算機を構成しているわけです（図3・15ａ）。

量子人工脳においても、脳と同じような仕組みを考えています。問題を最初からいきなりOPOネットワークに与えるのではなく、現在のコンピューターからなる制御コンピューターに与えます（図3・15ｂ）。与えられた問題が複雑な場合には、一台のコヒーレントイジングマシンでは解くことができません。コヒーレントイジングマシンには、連想記憶が得意なレーザーネットワーク、コミュニティー検出が得意なレーザーネットワーク、因数分解やデータ検索、充足問題などに特化したＯＰＯネットワークなどいろいろあって、そうしたいろいろなものが制御コンピューターからぶら下がっているわけです。脳の前頭前野に相当する制御用コンピューターが、そのつど与えられたミッションに従って、最も適したネットワークを構成し、瞬発力で問題を解く。そういうことをやらせたいと考えています。

13　将来予測

将来予測は難しいのですが、筆者らが開発しているコヒーレントコンピューターは、提案されているさまざまな量子マシーンの中では、室温で動作する唯一の方式です。それに、コンパクトなサイズ、低消費電力という長所を兼ね備えているという意味で、実用的なものではないかと考えています。

レーザーの数にしても、最初はN個必要だったのですが、共振器一個で済む。結合回路もN^2だったのが、量子測定フィードバックを使うと一個で済む。クロック周波数を一〇ギガヘルツまで上げて、ファイバー長を二〇キロメートルにまで上げると、一つのリング共振器の中に入れられるパルスの数、スピンの数が一〇〇万になりますので、それを並列に一〇〇〇台並べると一〇億という人工的なニューロンが形成できることになります。

人工知能と人工脳

現代のコンピューターのハード（シリコンCMOS）をそのまま使い，自然言語を理解・学習し，あらかじめ保存されていた大量の情報の中から適切な回答を選択する質問応答・意思決定支援システム（コグニティブコンピューティング）が研究開発されている．一般に，人工知能とよばれ，IBMのワトソンがその代表格である．将来は，医療，オンラインヘルプデスク，コールセンターでの顧客サービスなどに活用される可能性がある．本章で取上げた人工脳は，この人工知能とは，原理も構成も応用分野も異なるものである．

人工脳とは，人間の脳神経ネットワークにおける情報処理のあり方を研究し，そこから得られた知見（原理，アーキテクチャー）を将来のコンピューターのハード構成のあるべき姿に反映させていく分野である．人間の脳では，500～1000億といわれる膨大な数のニューロンが，1000兆といわれる数のシナプス結合で結ばれた巨大な神経ネットワークを構成している．その巨大なネットワークを目的に応じて再構成し，相転移の臨界点にバイアスされているその最適ネットワークの瞬発力で複雑な情報処理を短時間で実現している．この人間の脳で起こっている物理現象を人工物の中で再現しようとする試みが人工脳である．将来は，現代コンピューターが不得意とするさまざまな組合わせ最適化問題を高速に解く“専用マシン”として活用される可能性がある．

これが計算機としてのリソースなのですが、そういうものを使って高次のイジング問題を解くようなことができるので、因数分解、3－SAT、データ検索などの数学上の問題が解けます。また、コミュニティー検出や連想記憶メモリーがレーザーを使って解くことができます。

新しい材料を探索する量子シミュレーターにも使えます。あるいは、脳における臨界計算という考え方は、その分野の研究者の間では意見が明確に分かれていて結論が出ていないのですが、本当のところはどうなのかというようなことを調べる脳のシミュレーターにも使えるのではないかと期待しているところです。

第4章　それ、ホント？

山本喜久
仁科エミ
村上郁也
唐津治夢

本書は、武田計測先端知財団が二〇一五年二月に行ったシンポジウム「それ、ホント？」の三人の演者（山本、仁科、村上）が、講演をもとに書き下ろしたものです。第4章に、そのシンポジウム中に行われた、三人の演者と、司会の財団理事長 唐津によるパネルディスカッションを抄録し、脳科学研究の最近のアプローチについてまとめました。

すべては脳の働きにつながる

唐津　二〇一五年の武田シンポジウムのタイトルは「それ、ホント？」にしました。今までは「人間とは何か」とか、具体的なイメージがわかるタイトルをつけ、そのタイトルで、パネル討論をしていましたが、なかなかそういうタイトルが見つかりませんでしたので、「それ、ホント？」という冗談とも受取られるタイトルにしました。皆さんが日ごろ感じておられる今の状況に対する理解や認識と、三人の先生方のお話が「あ、そういうふうに見えるのか」とつながって、何となく納得していただけたとしたら、「それ、ホント？」というタイトルがよかったことになると思っています。

山本先生の量子コンピューターの話（第3章）が一番遠く感じられたと思います。脳の活動のモデルと量子コンピューターを一つのモデルとして考え、自然界の理解に役立つような道具を実現していきたいというお話でした。

仁科先生の聴覚の話（第1章）は、耳に聴こえない超高周波により脳が活性化されるというお話でした。われわれの生命は熱帯雨林で誕生したのに、現在は都会のコンクリートジャングルで人工音だけを聞いて人工的な世界で生活をしています。新しいビルのエレベーターが「ああ、木張りですごいな」と思うと、スチールの箱に印刷をした紙が張ってあって、木張りのように見えているだけということもあります。われわれの聴覚も、制限された周波数だけの刺激を受けていて、これではどこか狂ってくるかもしれないと思える納得のいく話で、最終的には脳の活動のお話になりました。

村上先生の錯視の話（第2章）は、人間の視覚認識の基本的な部分、外界の刺激をどう脳が取込むかというメカニズムにおいて、見えている画像が脳のイメージとして認識されるのではなくて、外界はこうあるはずだというある種の翻訳をして脳の中に取込んで、それをわれわれは知覚しているという話でした。

三人の先生のお話は脳がどんなふうに動いているのかについてのモデルの提案や再現であり、そういう脳の活動によってわれわれが認識する世界は構成されていて、最終的には人間の生理の一番基本的なところにも影響しているというお話でした。そう考えれば、われわれはもっと気分よく人生を送っていけるかもしれないという期待も抱かせていただける話でした。そのあたりを一つの交点として、これから先生方にお話をしていただければと思います。

まず、講師の先生方から、言い足りなかった点も含めて、他のお二人がそういう話をするのであれば自分はこうであるとか、何かそういうコメントがございましたら、順番に伺いたいと思います。

閉鎖系から開放系へ、平衡系から非平衡系へ

山本　仁科先生のお話の超高周波の重要性は、すっきりと同意できる内容でした。私の講演の中でも述べた、脳における臨界点という話をするときに、必ず振動の周波数ごとの強度のようなものが出てきます。通常f分の一（1/f）雑音といわれています。周波数が高くなるほど強度は落ちますが、その落ち方が周波数分の一になっています。スケールインバリアントというのですが、どの周波数帯で積分しても、そこに含まれるエネルギーがちょうど同じになっており、これは臨界点にある系の特徴です。それよりも速く落ちてしまうと単調で退屈ですし、高周波のほうにエネルギーが偏りすぎていると、非常にうるさく、耳障りに聞こえます。自分たちがf分の一（1/f）のスケールインバリアントが好きだというのは、もともと熱帯雨林から出てきた動物だから、そういう働きをしているのかなと思いながら聞きました。

村上先生の固視微動のお話は、私がちょっとふれた脳がデフォルトの状態にあるときに何もしていないわけではなく、常にゼロを中心に上に行ったり下に行ったりゆらいでいるわけですが、そのゆらぎが、視覚という点でも非常に重要な役割を演じているということを初めて知りまして、大変

勉強になりました。おそらく計算機による情報処理の場合にもゆらぎが大事な役割を果たしていると思っています。

唐津 ありがとうございます。先生ご自身のお話の、何かサブコメントのようなものはありますか。直前の学会でのお話で、三度聞かないとわからないと言われたそうですが、日常的には聞きなれない概念が多かったかと思います。伺ったお話で今日一番よくわかったのは、負の温度を導入することによって、新しい地平で量子コンピューターの仕掛けがうまく説明できることでした。それがモデルですが、今それを実装して、実験的にうまく行き始めているという部分が、私にはよく理解できました。

負の温度を設定するということは仮説なのですが、脳のような生態系、普通のモデルには入らないようなものを説明していくときの一つの概念のベースとして、こういう大胆な仮説を使っていくと、聴覚にしても、視覚にしても、何かおもしろい説明のモデルというものにつなげていけるようがになると思います。その辺で、先生のお仕事をもう少しご説明下さい。

山本 量子コンピューターの研究は、もうかれこれ二十年以上行われていますが、依然として量子コンピューターを実現するところからまだまだ遠いところにいます。

量子力学という理論体系は**閉鎖系**、外界から閉じた孤立した世界、を記述することにたけた数学になっています。その数学を使ってコンピューターのあるべき姿を予言するところから研究が始まりました。その理論に引きずられる形でこの世の中に存在しない孤立系を何とかして実験的につくろうという途方もない挑戦をこの二〇年間やってきて、われわれが知ったことは世の中に存在しないものは存在しないということです。

世の中に存在するものは閉鎖系ではなくて**開放系**です。システムは必ず**環境**とつながっていて、そこと相互作用しています。それを人間の手で変えることはやはりできない、そういうものを作ろうとしたらコストが膨大になるということを思い知らされました。それで開放系に行きました。開放系に行って最初に成功したのが、量子アニーリングで、講演の中で少し話が出てきたD-Waveのマシンがその代表です。一台一〇億円という高額のお金で、グーグルに売られましたが、それは閉鎖系をやめて開放系に飛んだことで成功しました。ところが、今のコンピューターと実際に競争させてみると、実はそれほど大した性能ではなくて、勝ったり負けたりしてよさが全然見えないのです。D-Waveは、温度が正で環境と熱平衡にあるような領域で系を動かしていて、環境との間ではエネルギーの授受がないものを作っています。開放系だけれども、平衡系であるのです。

それでうまく行かないとすると、残った軸はもう一つしかなくて、開放系で**非平衡**です。非平衡というのは何かというと、システム全体をエネルギーが流れていくもので、エネルギーをシステムの中に入れると、その中でエネルギーが消費されて、かすが出ていくというものです。人間は生きていますので、必ず食物をとって、そこからエネルギーをもらって、それを消費して脳が動くわけですけれども、そういう非平衡の系は、平衡系と違って何でもできます。温度も正だけではなくて負にもできます。そういう非平衡の系をもってきて、もう一つの自由度を入れることが今日お話ししたコヒーレント計算の背景、動機です。つまり閉鎖系を諦めて開放系に行き、平衡系から非平衡系に行ったということです。非平衡に行ったときのメリットは、あの種の問題であれば上側からとか横側からの探索ではなくて、下側から温度を上げて探索できることです。

錯覚には個人差やバラツキはあるのか

仁科　今日はとても興味深いお話を伺いました。山本先生のご研究について、人間の脳が行っている情報処理を先端的な手法で実現しようとするとこれだけ大変なのだと、改めて感じ入りました。六〇年前のリターンマッチとのお話もありましたが、ハイパーソニックエフェクト研究も約三〇年前のCDの規格策定時に行われた心理実験のリターンマッチのようなところがあります。時代が進むことによって、研究のツールが変わり、かつての着想や試みが、別の形になって実ってくるという点でも共感しました。

私は知覚できない情報の効果を研究していることもあり、村上先生が知覚にまつわる現象をとても洗練された方法で研究されていることに大変刺激を受けました。関連して、教えていただきたいことがあります。それは錯覚における個人差とはどのようなものなのか、ということです。聴こえない超高周波の効果についての脳波を指標とする生理実験などでは、心理実験に比べるとはるかに少ない被験者数、たとえば八人ぐらいのデータがあれば統計的有意性が出ます。錯覚という知覚現象においては、個人差とかばらつきとかというのはどうなのか、教えていただければと思いました。

村上　さまざまな認知能力や、成績や、意識体験には個人差があるので、それらの総論的な総括を一言でというのは、難しいというか多分できないと思います。錯覚にも個人差はありますし、年齢差は非常に顕著にあります。スポーツの経験のあるなしで種々の能力の違いは予想できる形で出てきます。文化の差というのもやはりあって、垂直水平に慣れている西洋建築の中に住んでいる人と、そうでない居住生活の人との間で見え方に違いがあるということもあります。

納得できる考え方としては、私たちがものを見たり聞いたりするときに、種々さまざまな手がかりを総動員して最適で一番もっともらしい推定をしようとします。そのときに、いろいろな手がかりがある中で、どれに重きをおくかに関しては文化の差もあるでしょうし、年齢や男女差だったりもあるでしょうし、あるいは外向性・内向性といったようなパーソナリティー特性の違いだったりというのもあるでしょう。一番もっともらしい推定といっているときの意味として、最尤推定をするのであれば現時点で一番確からしいものを選ぶのでしょうが、そうではなくてベイズ的な推定をしているシステムだということが私たちの共通見解になっています。ベイズ的な推定の一番大事なところは事前確率が効いてくることで、それは生後どのような体験をしてきたか、世界に関するどのような知識を得たかによって、知覚や認識が変わるということの計算論的な表現です。個人差に関しては心理学の中ではもちろんさまざまなところで指摘されて、何が大事なのかということを調べないといけない問題だと思います。

産毛が働いている?

村上　仁科先生のご講演に関する質問というか、私が考えたことは聴覚系が刺激されているのではなさそうだということです。聴覚系には超高周波領域のセンサーはないわけですし、実際に耳にあてたヘッドフォンで聞いてもだめで、厚着するとだめだということなので、何となく触覚が関係していると思います。教科書的な知識でいうと、われわれの皮膚にある触覚の受容器には、ルフィニ、マイスナー、メルケル、パチニと四種類に大別される機械受容器、メカノレセプターがあります。しかし、スーパーソニックの領域で音を出して、それが受容されるとはとても思えない。エネルギーが低すぎますし、時間周波数が高すぎます。何が効いているのかなというのが謎なのです。

一つ考えたのは、私たちの皮膚の上には産毛が生えていて、産毛一つ一つに毛包受容器というレセプターがあります。それも機械受容器で、たとえば頬の上で飛んでいる羽虫のような、羽音はわからないが、羽虫が飛んでいるなということを触覚的に認知できたりします。唯一の入力の可能性としては、毛包受容器がたわんで、たわみが直る前にもう一回、たわんで、たわんでというふうに、超高周波の正位相でたわんで、逆位相では何も起こらないという状態がずっと続くことによって、時間をかけてずっとたわんでいる状態が続くということとそうでない状態と、おそらく弁別しているぐらいしか考えつきません。

また私たちの触覚というのには単に触っただけでなくて、すごく優しく触れたことを認識するための神経線維が、別にあるといわれています。tactile C fiber という神経線維が働くと、心地よい触覚体験が生じるといわれています。それはわりに広い面積で、優しく、何かバスタオルみたいなものに包まれているときによく活動電位を出すのです。このように、産毛に対して超音波が働くことによって、気持ちよくなるのかなということが感じたところです。本当かどうか教えていただきたいと思います。

唐津　肌センサーのことを、仁科先生、何か。

仁科　超高周波のセンサーの探索というのは大変難しいテーマで、いろいろな角度からアプローチしているところです。ご指摘いただいた点についてお答えできる実証的な材料を今はまだ得ておりませんが、非常に有意義なご示唆をいただき、感謝しています。ぜひ、その点についても検討してみたいと思います。

また、先ほど山本先生がｆ分の一雑音についてふれてくださいましたが、ハイパーソニックエフェクトをもたらす超高周波の情報構造についても研究が進んでいます。フラクタルとか自己相関秩序といった概念で説明できる特徴も見いだされつつあります。

ニューラルネットと量子コンピューター

村上　私はNTTの厚木研究所にいたこともありまして、量子コンピューティングのような物性系の研究発表を聞くたびに、いつも何か恐れ多いと感じ敬意を抱きながら聞いていました。フォン・ノイマン型の普通のコンピューターとは一線を画すということでしたが、将来的には生物的なコンピューティングが実装しやすい形式であるようにも思えますが、そうなのかどうかを専門家に聞いてみたいと思っていました。

私たちの大脳皮質には、少なく見積もって二三〇億個ぐらいの大脳皮質ニューロンがあって、小脳のニューロンを加えると一千億個を超えてしまいます。シナプスの数を数えると、とんでもない数のシナプスがあって、各ニューロンは一万個ぐらいのニューロンから情報を受取って一万個ぐらいに出力しているという多対多の結合をしています。しかも、多段階で情報の収れん結合をするから、発散、収れん、発散と、繰返していって、しかもフィードフォワードのあるところは必ずフィードバックがあるという関係がありますので、そういうことが実装しやすいのかどうなのかと思います。

昔ながらのニューラルネットだと解けないような問題も、最近、計算能力が上がったせいで、ディープニューラルネット、多層のニューラルコンピューティング型の計算ネットワークプログラムを使うと、いとも簡単に短時間で解けてしまうということがいわれています。そういうことに最適な仕方で、ハードウエアの実装をすることができるのかというのが拝聴していて、興味をもった点です。

山本　ご指摘いただいたとおりで、アメリカのＩＢＭを中心に現代の集積化技術で、今まではできなかったニューラルネットの集積化ができるようになって、ハードウエアでは億という単位のニューロンを、人工的な半導体チップの中に埋め込むこともできるようになっています。ソフトウエアとしてもディープラーニングといいますか、階層学習という考え方が入ってきて、Siri（注1）に代表されるような音声認識も格段に確度が上がって、まったく違う時代に突入していると思います。

そういう意味では競争です。現代の半導体の集積化技術の上に乗った人工知能やニューラルネットをつくって、そこにさまざまなソフトを乗せていくという考え方と、先ほど紹介させていただいたような、レーザーとか光のパラメトリック発振器という全然違うツールを持ち込んで、同じことを目指すのは競争関係にあると思います。

（注1）Siri : Speach Interpretation and Recognition Interface の略。

われわれの系は、先ほど述べたように、一〇億というニューロンを実装するためのロードマップとしては、こういうふうに積み上げていけば、一〇億のニューロンと一千兆に近い、あるいはもう少し大きいようなシナプス結合というのは入るだろうと思います。一方、今までの半導体の技術の延長上でそれができないということはないと思うので、最終的にはどちらがより小さな消費電力でより小型に実現できるかという開発競争になっていくと思っています。

脳の中の相転移

唐津　ありがとうございました。今の村上先生のご指摘の中で、既存の技術でどんどん頑張ってある程度のものができることと、違うメカニズムでどういう競争になるのかという山本先生のお話がありました。

私ども、いつも不思議に感じていることは脳の中にはとんでもない数の脳細胞があります。これが日夜、真面目に動いていると、とんでもないエネルギーを必要とするはずです。実際は、六〇ワットとか一〇〇ワットとか、そのぐらいのエネルギーで脳は全部動いています。逆算すると、ほとんどの脳細胞は、ふだんはエネルギーを使っておらず、活動していないことになります。ごく一部しか動いていないにもかかわらず、何か刺激があるなり、考えなければならないとか、何かイベントがあると、必要なところにぱっと火が入って動いています。それで、現在のコンピューターがとても到達できないようなひらめきがあったり、何か知覚ができたり、状況把握ができたりするわけです。どうしてそんなに能率よくできるのかなというのは非常に不思議なところだと思います。

今日の山本先生のお話を伺うと、脳は、いつもアンバランスのところに位置して休んでいるというわけです。どこか発火するとさっと動くというのは、相転移のモデルによく合うのかなという印象をもちました。今日、お話しいただいた光のパルスをぐるぐる回しながら、負の温度から追いかけていくというモデルに実装して実現できるとすると、脳のモデルの実験系というのも結構視野に入りうるのかなと思いました。

そうすると、今、仁科先生とか、村上先生が実際に人間で実験しておられることを、山本先生が構成された将来の装置の上で、実際に実験してみるところに近づくのかなという気がしたのですが、その辺はいかがでしょうか。

山本　研究をしているチームの若い人たちの夢はそこにありまして、ニューラルネットの中でさまざま行われているだろうと思われる情報処理を、光を使ってシミュレーションして仮説を検証したいと思っています。そこにはまだ遠いわけですが、金物ができなければ何もできないので、金物ができたときには単に組合わせ最適化問題が解けるというだけではなくて、脳のさまざまな機能のシミュレーターとして使いたいというのがチームの中の若い人たちの一つの夢だと思います。

脳が相転移の臨界点に常にバイアスされていて、その瞬発力を使って情報処理をしているという検証事実、実験事実はいくつかありますが、それは今の脳科学全体の中で主流の考え方ではなく、依然として少数派の意見だと外側からはみています。ただ、私たちはそういう考え方が検証するに値するだけの魅力的なものだと思っていまして、それが本当かどうかを調べていきたいというのが一つのモチベーションとしてあります。

村上　脳の中のわずかな細胞しか動いていないというコメントに関しては、確かにそうなのですが、ご存じのうえのことだと思いますけれども、一〇〇パーセント脳活動がどのニューロンでも起こってしまうと、それは病気のてんかん発作になってしまいます。ですから、そうならないように抑えた形でふだんは発火していると思います。疎なコーディングをしているのが脳の中の情報表現の正しいあり方なのです。

あともう一つは、ノルアドレナリン投射系のような汎性投射を使えば、全体的にブーストして外界の事象への警戒度を上げるとか、下げるとか、全脳的に起こすことができるような投射系もありまして、仁科先生のスライドにもあったと思いますけど、そういうものを使うことで、何かできるかなと思いました。

固視微動は人間以外にもあるか

唐津　村上先生の話の中で、いつも目が動いていて、それを脳としては静止しているように認識しているというお話がありました。これはヒトだけのことなのか、動物とか、魚とか、昆虫とか、ほかの生物ではどうかという質問があります。

村上　それは大変重要なご指摘だと思います。比較生物学の領域に属する話題ですが、他の生物にもあります。固視微動に類する眼球運動は、ヒトだけではなく、サル、それからウサギ、ほ乳類でなくても、は虫類のカメや、魚類のキンギョ、無脊椎動物でもあります。眼球運動様の運動という意味で一般化すれば昆虫にもあります。

視野が動揺しないようにこのように計算すればよいと提案したモデルですと、全体が動いている様子と、真ん中だけが動いている様子を区別できるメカニズムが備わっていなければいけないわけです。いろいろな動物で全体運動と部分運動を区別して発火活動を行うニューロンが発見されています。

ウサギでもカメでも、眼が動いたときに出てくる網膜像と物の動きがあったときに出てくる網膜像を区別できるニューロンがあるので、行動実験をしたら、もしかすれば固視微動があるのに安定視野が実現できているよという視覚体験を報告してくれるかもしれません。ただ、行動でそれをきちんと調べて、意識体験としてどうなのかというのを下等動物でやった研究は、私の知識不足でよくわからないところです。

ハイパーソニックエフェクトを自宅で体験できるか

唐津　仁科先生への質問が多いのですが、その中の八割ぐらいが自宅で聞いてみたいがどうしたらいいかというご質問です。もう一つの質問は、超高周波成分としてはいわゆる人工的なサイン波であってはだめですというお話がありました。超高周波音を実際に使うために、ホワイトノイズではない自然音の超高周波成分はどうしたら手に入るのかという質問です。その二点をお願いします。

仁科　一日も早く自宅でハイパーソニックサウンドを体験できるようにしたいと、私たちも思っております。その上でのハードルは、大きく二つあると思います。

一つは、音源です。ハイパーソニックエフェクトを発現させる超高周波が豊富に含まれている音源、コンテンツが必要です。これについては、超高周波を豊富に含む音楽や自然環境音などの自然音を、その超高周波を損なうことなく記録し、編集して配信するという道筋ができています、1章のお話でもふれた「ハイレゾ」配信技術が発展することによって、そうした音源の供給は徐々にではありますが実現しつつあります。

二つ目の、そしてより大きいハードルは、再生装置にあります。スピーカーシステムの中で聴こえない超高周波を担当するユニットは、スーパーツイーターとよばれます。スーパーツイーターはアナログレコードの時代から使われていて、ハイレゾブームのなかで新製品も出てきています。それを手持ちのオーディオシステムに付け加えることが一つの方法ですが、ハイパーソニックエフェクト発現に有効な超高周波帯域の再生が可能なものばかりではないことや、価格が高いことなどが課題です。

その解決のために、一五〇キロヘルツをこえる超高周波成分を忠実に再生でき、指向性が広く、小さく軽く値段も安価なスーパーツイーターの開発に取組んでいます。それほど遠くない時期に、これを実用化できるのではないかと思います。超高周波の再生を可能にすることが体と心の健康にとっても意味があるという認識が浸透していけば、関連する研究開発が加速され、ハイパーソニックエフェクトを享受できる環境の実現が早まると思います。

自然音の超高周波成分を体験するには、熱帯雨林やそれに近似した動植物の生態系に滞在すればよいのですが、現代社会では現実性が希薄です。忠実に記録された熱帯雨林自然環境音を、超高周波に対応したシステムで再生することは、現実性のある方法の一つといえます。超高周波を何らかの方法で合成できたらよいのですが、現時点では合成高周波を使ってハイパーソニックエフェクトを発現させるのはかなり難しいうえに、そうした人工物が果たして安全か、という問題もあります。ハイパーソニックサウンドの物理構造について、まだ十分解明できていないことも問題です。一方、都市環境のなかには二〇キロヘルツを超える帯域に、電子機器から発生する人工的なノイズが存在していることもわかりました。それらの安全性は不明です。

熱帯雨林の自然環境音に私たちが注目している理由も、このことに関係があります。たとえば、合成食品の安全性を立証するためには長期の調査が必要ですが、米や小麦など人類が千年以上食べ続けた食品には一定の安全性があると考えることができます。情報についても同じではないでしょうか。新しい合成超高周波よりも、不十分かもしれないけれど実在の自然音に含まれる超高周波をできるだけ忠実に録音して使うのが、現状ではより安全なのではないかと考えています。

量子コンピューターが実際に使われるのはいつ頃か

唐津　山本先生への質問はなかなか難しいのですが、皆さんの一番の関心は、中身がわかるかわからないかにかかわらず、こういうものが役に立つとして、どのぐらいの時間軸で待っていればよいのかということです。

山本　ImPACT（注2）のプログラムに採択されるときの総合科学技術イノベーション会議で、このプロジェクトが終わる時点で五千サイト（量子ビット）から一万サイトの量子人工脳を実験室でつくってお見せしたいと思いますと申し上げました。ImPACTは四年半のプロジェクトでして、もうすでに四カ月が過ぎており、残りは四年と二カ月です。そのぐらいの中規模のマシンは、できると考えています。

実際に製品として世の中に出すのにどのぐらい時間がかかるのかというのは、今は正確なことは申し上げられませんが、それからさらに、数年という期間をいただければ、五千サイトから一万サイトのイジングモデルが解けるような量子人工脳を、複数の研究機関に設置させていただきたいと思っています。

唐津　私ども人間が日々生活していく中で、日ごろあまり意識していなかったわれわれの体の中のメカニズムであるとか、知覚のメカニズムであるとかについて、いろいろな角度からお話をいただきました。おのおの無関係ではなくて、やはり深いところでつながっていたと思います。

特に山本先生のお話で、開放系で非平衡というお話がございました。開放系ということは、外界と常に相互作用をしているということです。非平衡ということは、生まれたものが死ぬということなのです。人間は生まれたら必ず死ぬ存在です。人間は非平衡の世界の存在です。これを人工的に平衡だという仮説を立てて問題を解こうとしたら無理があった。経済的にも見合いにくかったというご指摘がございまして、当然だろうと思いました。

われわれは人間ですので、人間のことを理解して、人間の存在になるべく近づいていく。さまざまな角度からそれを理解していくなかで、われわれの平和で幸せな未来があるとよいと思っております。

（注２）ImPACT：内閣府総合科学技術イノベーション会議の革新的研究開発推進プログラム。

あとがき

二〇一五年の武田シンポジウムは、「それ、ホント？」というタイトルで開催しました。冗談のようなタイトルを選んだ背景には、車の完全自動運転とか、百分の一のコストで人工衛星をたくさん打上げるとかが話題になっているわけですから、開発の行く先に誰もが同意するような開発だけでは大きな進歩が生まれなくなってしまうのではないか、という思いがありました。三人の先生方のお話はどれもこのタイトルにふさわしいお話だったと思います。そして、お話を聞いた後は、そうか、そういうことも十分にありうると感じていただけたのではないかと思っています。

山本先生に量子コンピューターのお話をお願いに伺ったときに、光パルスを使われるとお聞きして、実現の可能性を感じました。しかし、その感覚が理解に変わるまでにはだいぶ時間がかかりました。大きな理解としては、解きたい問題を数学モデルで記述し、それを量子力学的な物理現象として実現させ、相転位を起こすところが解となるということですが、負の温度とか、開放系とか、非平衡系とか、イメージがなかなか湧かないことも多くありました。コラムに山本先生がなぜ、光を使うのかをお書きになっておられるとおり、常温で動くことは商品化を考えたときに大きなメリットだと思います。光ケーブルを使うとか、遅延線を使わず光信号を電気に変えて変調をかけるとか、光通信で開発された技術が使えるという点も大きなメリットとなるでしょう。

三人の先生方のテーマを見直してみると、どれも人間の脳の働きに関係しています。仁科先生の「聴こえない超高周波が脳を活性化する」も村上先生の「錯覚するのも悪くない」も、音と視覚のお話として考えていたのですが、脳の働きのいろいろな側面のお話になりました。人間だけでなく動物の眼も固視微動している、その微動の差分をとって視覚の世界をつくっているというお話も、熱帯雨林の超高周波を含む音の中にいると脳が活性化されるというお話も、生物の進化の不思議を考えさせてくれるお話でした。脳の働きにも相転位があるのではないかという山本先生のお話は、詳しいメカニズムはわかっていませんが、夢があると思います。

シンポジウムでは、それぞれ特徴のある開発が私たちの生活を豊かにするものとして商品化される道筋のお話はあまりできませんでしたが、ユニークな開発の可能性を事業に生かす試みをやろうという人々が現れることを期待しています。

二〇一五年十一月

一般財団法人 武田計測先端知財団
理事・事務局長　赤　城　三　男

索　　引

索　引

科学のとびら59
感じる脳・まねられる脳・だまされる脳
二〇一六年一月二九日　第一刷　発行
編　集　一般財団法人
武田計測先端知財団
発行者　小澤美奈子
発行所　株式会社　東京化学同人
東京都文京区千石三-三六-七（〒一一二-〇〇一一）
電　話　〇三-三九四六-五三一一
ＦＡＸ　〇三-三九四六-五三一七
印刷・製本　新日本印刷株式会社

ISBN978-4-8079-1299-5